H. Bornemann

Bau und Berechnung von Leitungen und Leitungsnetzen

Teil 2

Berechnung von Wechselstromleitungen

mit 64 Textabbildungen

TECHNISCHER VERLAG HERBERT CRAM, BERLIN W 35
1956

Printed in Germany
Satz: Walter de Gruyter & Co., Berlin W 35
Druck: Otto von Holten GmbH., Berlin W 35

Vorwort

Der Bedarf an elektrischer Energie wächst überall stetig von Jahr zu Jahr. Zu ihrer Verteilung ist in den nächsten Jahrzehnten der Ausbau der vorhandenen, sowie Planung und Bau neuer Drehstromleitungen unbedingt notwendig. Für die Erweiterung der Elektrifizierung der Vollbahnen werden auch neue Einphasenleitungen errichtet werden müssen. Um die elektrische Energie wirtschaftlich auf den Drehstromleitungen bei den steigenden Übertragungsleistungen fortleiten zu können, ist die Heraufsetzung der Betriebsspannungen nicht zu umgehen. Nachdem in Schweden Drehstromleitungen mit der Betriebsspannung von 380 kV zu voller Zufriedenheit arbeiten, werden auch im nächsten Jahr in Deutschland Leitungen mit dieser hohen Betriebsspannung in Betrieb genommen werden. Auch in weiteren europäischen Ländern ist die Erhöhung der Betriebsspannungen geplant.

Da der vorliegende 2. Teil die Berechnung der Wechsel- und Drehstromleitungen behandelt, wird hiermit den Studierenden und Praktikern die Möglichkeit gegeben, sich für die vorstehend ganz kurz skizzierten Planungen der nächsten Jahrzehnte die notwendigen Kenntnisse anzueignen.

Es wird noch darauf hingewiesen, daß zur Vermeidung von Verwechslungen die Numerierung der Berechnungsgleichungen als Fortsetzung der im 1. Teil gebrachten durchgeführt wurde.

Berlin, im Januar 1956

H. Bornemann, Baurat i. R.
ehem. Dozent für Elektrotechnik
an der Staatl. Ingenieurschule Beuth, Berlin

Inhaltsverzeichnis

I. Querschnitts- und Spannungsberechnungen der Leitungen

A. Wechsel- und Drehstromleitungen

Für reine Wirkbelastungen von Wechsel- und Drehstromleitungen, also vor allem für Beleuchtungsanlagen, gelten alle bisher abgeleiteten Gleichungen und Rechnungsmethoden.

Sind am Ende der Leitung Verbraucher angeschlossen, die durch induktive oder kapazitive Wirkungen einen Phasenverschiebungswinkel φ_E zwischen der Spannung am Ende der Leitung U_E und dem auftretenden Strom I hervorrufen, so muß dieser bei der Leitungsberechnung berücksichtigt werden. Bei Hochspannungsleitungen ist weiter die Induktivität L und die Kapazität C der Leitung selbst, letztere vor allem bei Hochspannungs-Kabelleitungen, zu berücksichtigen. Wie schon bei der Netzumwandlung, Teil 1, S. 92, erwähnt, wendet man bei diesen Leitungsberechnungen die symbolische Methode an, bei der alle Wechselstromgrößen durch komplexe Zahlen ausgedrückt werden. Die Kenntnis des Rechnens mit komplexen Zahlen wird vorausgesetzt.

Für Niederspannungsanlagen können Induktivität und Kapazität der Leitungen meist vernachlässigt werden.

1. Querschnittsberechnung auf Leistungsverlust

Die Berechnung des Querschnitts von Wechselstromleitungen erfolgt in der Regel auf zulässigen Leistungsverlust. Fließt ein Strom durch eine Leitung, so wird diese erwärmt. Die dazu notwendige Leistung ist ein Verlust, der Stromwärme- oder Leistungsverlust ΔN. Er ist:

$$\Delta N = I^2 \cdot R = \frac{I^2 \cdot l}{\varkappa \cdot q} \tag{44}$$

Dieser Leistungsverlust wird in Prozenten, bezogen auf die Leistung am Ende der Leitung N_E, angegeben. Mit diesem prozentualen Leistungsverlust p_N ergibt sich der tatsächliche Leistungsverlust:

$$\Delta N = \frac{p_N}{100} \cdot N_E \tag{45}$$

Man wählt $p_N = 5 \ldots 10\%$. Die Gleichungen (44) und (45) sind einander gleich:

$$\frac{I^2 \cdot l}{\varkappa \cdot q} = \frac{p_N}{100} \cdot N_E$$

Daraus ergibt sich der Querschnitt:

$$q = \frac{100 \cdot I^2 \cdot l}{\varkappa \cdot N_E \cdot p_N} \tag{46}$$

Diese Grundgleichung gilt für einen Leiter. Bei Einphasen-Wechselstrom ist die Stromstärke:

$$I = \frac{N_E}{U_E \cdot \cos \varphi_E} \tag{47}$$

Damit wird der Querschnitt für Hin- und Rückleitung:

$$q = \frac{200 \cdot N_E \cdot l}{\varkappa \cdot U_E^2 \cdot \cos^2 \varphi_E \cdot p_N} \tag{48}$$

(Für Gleichstrom gilt Gl. (48) unter Fortlassung von $\cos^2 \varphi_E$. Siehe Teil 1, Gl. (25). Da die Grundgleichung (46) für einen Leiter gilt, ist bei Drehstrom mit 3 zu multiplizieren. Weiterhin berechnet sich der Strom aus einer Drehstrombelastung zu:

$$I = \frac{N_E}{\sqrt{3} \cdot U_E \cdot \cos \varphi_E} \tag{49}$$

Diese Werte in Gl. (46) eingesetzt, ergibt:

$$q = \frac{3 \cdot 100 \cdot N_E \cdot l}{\varkappa \cdot (\sqrt{3})^2 \cdot U_E^2 \cdot \cos^2 \varphi_E \cdot p_N}$$

$$q = \frac{100 \cdot N_E \cdot l}{\varkappa \cdot U_E^2 \cdot \cos^2 \varphi_E \cdot p_N} \tag{50}$$

Ist der Querschnitt bestimmt worden, so muß außer der Nachprüfung auf Erwärmung eine solche auf Spannungsverlust vorgenommen werden, da bei Wechsel- und Drehstromleitungen Leistungs- und Spannungsverlust nicht übereinstimmen.

2. Leitungen mit induktiver oder kapazitiver Belastung ohne Berücksichtigung der Induktivität und Kapazität der Leitung

a) Einphasenleitungen

Speiseleitungen

In Abb. 1 ist eine einfache Speiseleitung dargestellt. Ihr Querschnitt wird nach Gl. (48) auf zulässigen Leistungsverlust berechnet. Zur Feststellung des Spannungsverlustes ist in Abb. 2 das Zeigerdiagramm der Leitungsgrößen aufgezeichnet. Die Spannung am Ende der Leitung $\mathfrak{U}_E$ ist in die reelle Achse gelegt und wird demnach symbolisch geschrieben:

$$\mathfrak{U}_E = U\, e^{j0^\circ} \tag{51}$$

Der Belastungsstrom eilt der Spannung um den Winkel φ_E nach, wenn, wie es fast stets der Fall ist, die Belastung induktiv ist, symbolisch ausgedrückt:

$$\dot{I} = I\, e^{-j\varphi_E} = I \cdot (\cos \varphi_E - j \sin \varphi_E) \qquad (52)$$

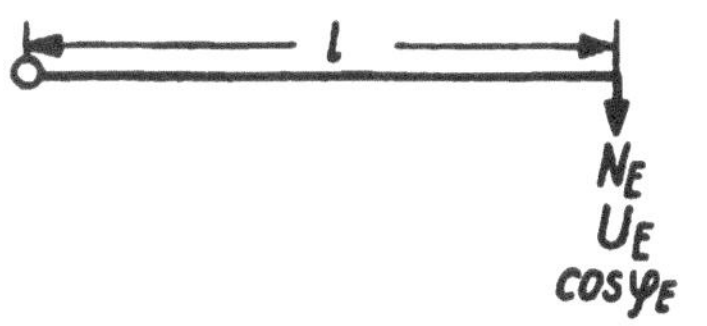

Abb. 1. Speiseleitung

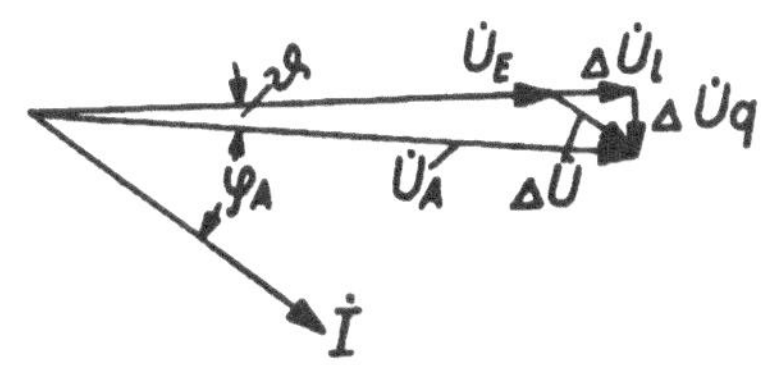

Abb. 2. Zeigerdiagramm der Leitung Abb. 1

Der Spannungsverlust ist das Produkt aus Strom und Widerstand der Leitung. Er muß die gleiche Richtung wie der Strom haben, der ihn hervorruft:

$$\Delta\dot{U} = \dot{I} \cdot R_l = I\, e^{-j\varphi_E} \cdot R_l = I \cdot R_l \cdot (\cos \varphi_E - j \sin \varphi_E) \qquad (53)$$

Den reellen Teil, die reelle Komponente des Spannungsverlustes, der in die Richtung von $\dot{U}_E$ fällt, bezeichnet man häufig als

Längsspannungsabfall ΔU_l

die imaginäre, senkrecht oder quer zu $\dot{U}_E$ liegende Komponente als

Querspannungsabfall ΔU_q

Die Spannung am Anfang der Leitung ergibt sich aus der Summe von $\dot{U}_E$ und $\Delta\dot{U}$:

$$\dot{U}_A = \dot{U}_E + \Delta\dot{U} \qquad (54)$$

Wie aus dem Zeigerdiagramm Abb. 2 zu ersehen ist, sind die Spannungen am Anfang und Ende der Leitung gegeneinander um den Winkel ϑ verschoben. Dieser läßt sich trigonometrisch aus dem Querspannungsabfall ermitteln:

$$U_q = U_A \cdot \sin \vartheta \qquad (55)$$

Beispiel 1

Am Ende der Speiseleitung nach Abb. 3, als Zweileiterkabel mit Cu-Querschnitt verlegt, soll eine Wechselspannung von 500 V, 50 Hz bei einem Leistungsfaktor $\cos \varphi_E = 0{,}73$ ind. zur Verfügung stehen. Zu ermitteln sind:

1. **Querschnitt bei 4% Leistungsverlust;**
2. **Strom- und Spannungsverlust der Leitung;**
3. **Spannung und Leistungsfaktor am Anfang der Leitung;**
4. **Leistung am Anfang der Leitung;**
5. **Prozentualer Spannungs- und Leistungsverlust;**
6. **Prüfung auf Erwärmung.**

Lösung:

1. Querschnittsberechnung

Nach Gl. (48) ist:

$$q = \frac{200 \cdot N_E \cdot l}{\varkappa \cdot U_E^2 \cdot \cos^2 \varphi_E \cdot p_N} = \frac{200 \cdot 80 \cdot 10^3 \text{ W} \cdot 90 \text{ m}}{56 \frac{\text{m}}{\Omega \text{ mm}^2} \cdot 500^2 \text{ V}^2 \cdot 0{,}73^2 \cdot 4} = \underline{48{,}2 \text{ m}^2}$$

$$\text{gewählt } q = \underline{\underline{50 \text{ mm}^2 \text{ Cu}}}$$

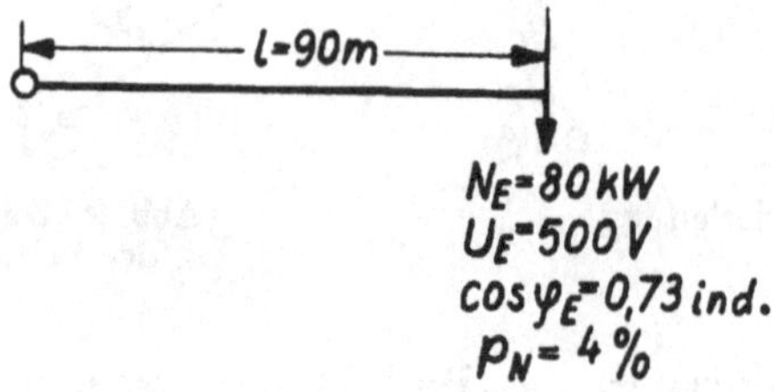

Abb. 3. Speiseleitung zum Beispiel 1

2. Strom und Spannungsverlust

Der Strom in der Leitung ist nach Gl. (47):

$$I = \frac{N_E}{U_E \cdot \cos \varphi_E} = \frac{80 \cdot 10^3 \text{ W}}{500 \text{ V} \cdot 0{,}73} = \underline{\underline{219 \text{ A}}}$$

Da der Leistungsfaktor $\cos \varphi_E = 0{,}73$ ind. ist, eilt der Strom um den Winkel $\varphi_E = 43{,}1^\circ$ der Spannung U_E nach.

$$\hat{I} = \underline{\underline{219\, e^{-j43{,}1^\circ}}}$$

Der Widerstand der Leitung berechnet sich nach Gl. (8) zu:

$$R_l = \frac{2 \cdot l}{\varkappa \cdot q} = \frac{2 \cdot 90 \text{ m}}{56 \frac{\text{m}}{\Omega \text{ mm}^2} \cdot 50 \text{ mm}^2} = \underline{0{,}0643\ \Omega}$$

Der Spannungsverlust ergibt sich aus Gl. (53):

$$\begin{aligned}
\Delta\hat{U} &= \hat{I} \cdot R_l = 219\, e^{-j43{,}1^\circ} \cdot 0{,}0643 = 14{,}1\, e^{-j43{,}1^\circ} \\
&= 14{,}1 \cdot (\cos \varphi_E - j \sin \varphi_E) = 14{,}1 \cdot (0{,}73 - j\, 0{,}683) \\
&= 10{,}3 - j\, 9{,}64 \\
\Delta U &= \underline{14{,}1 \text{ V}}
\end{aligned}$$

3. Spannung und Leistungsfaktor am Anfang der Leitung

Die Spannung am Anfang der Leitung ist nach Gl. (54):

$$\begin{aligned}
\hat{U}_A &= \hat{U}_E + \Delta\hat{U} \\
\hat{U}_E &= 500 \quad + j\, 0 \\
+\ \Delta\hat{U} &= \underline{\ 10{,}3 - j\, 9{,}64\ } \\
\hat{U}_A &= 510{,}3 - j\, 9{,}64 = 510{,}4\, e^{-j1{,}1^\circ} \\
U_A &= \underline{\underline{510 \text{ V}}}
\end{aligned}$$

$$\begin{aligned}
U_A &= \sqrt{510{,}3^2 + 9{,}64^2} \\
&= \sqrt{260499} = 510{,}4 \\
\operatorname{tg} \vartheta &= \frac{9{,}64}{510{,}3} = 0{,}0188 \\
\sphericalangle\, \vartheta &= 1{,}1^\circ
\end{aligned}$$

In Abb. 4 ist das Zeigerdiagramm der Leitung wiedergegeben. Der Phasenverschiebungswinkel zwischen der Spannung am Anfang der Leitung und dem Strom ist, wie das Diagramm zeigt:

$$\varphi_A = \varphi_E - \vartheta = 43{,}1^0 - 1{,}1^0 = 42{,}0^0$$
$$\cos\varphi_A = \cos 42{,}0^0 = 0{,}743$$

4. Leistung am Anfang der Leitung

$$N_A = U_A \cdot I \cdot \cos\varphi_A = 510\text{ V} \cdot 219\text{ A} \cdot 0{,}743 = 82\;986\text{ W} \approx \underline{83\text{ kW}}$$

5. Prozentualer Spannungs- und Leistungsverlust

Der prozentuale Spannungsverlust ist:

$$p_U = \frac{U_A - U_E}{U_E} 100 = \frac{510\text{ V} - 500\text{ V}}{500\text{ V}} 100 = \underline{\underline{2\%}}$$

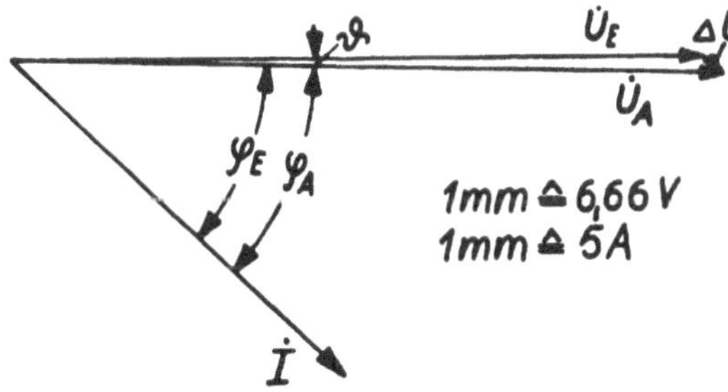

Abb. 4. Maßstäbliches Zeigerdiagramm der Leitung des Beispiels 1

Der prozentuale Leistungsverlust ist:

$$p_N = \frac{N_A - N_E}{N_E} 100 = \frac{83\text{ kW} - 80\text{ kW}}{80\text{ kW}} 100 = \underline{\underline{3{,}75\%}}$$

6. Prüfung auf Erwärmung

Nach Spalte 3 der Belastungstafel 10, Teil 1, S. 57 kann ein Cu-Querschnitt von 50 mm² mit 235 A belastet werden. Der gewählte Querschnitt reicht aus.

Einseitig gespeiste Verteilungsleitungen

In Abb. 5 einer einseitig gespeisten Verteilungsleitung sind wie in Abb. 37 Teil 1 mit R_1, R_2 und R_3 die Widerstände der einzelnen Abschnitte bezeichnet. Die Abb. 6 gibt das zugehörige Zeigerdiagramm wieder. Die Spannung $\dot{U}_E$ am Ende der Leitung ist als Bezugszeiger in die reelle Achse gelegt. Addiert man zu ihr mit Hilfe der komplexen Rechnung den Spannungsverlust im dritten Abschnitt:

$$\Delta\dot{U}_{23} = \dot{I} \cdot R_3 \tag{56a}$$

so erhält man die Spannung im Punkt 2. Fügt man weiter den Spannungsverlust des zweiten Abschnitts:

$$\Delta\dot{U}_{12} = \dot{I} \cdot R_2 \tag{56b}$$

und des dritten:

$$\Delta \dot{U}_{A1} = \dot{I} \cdot R_1 \tag{56c}$$

hinzu, so erhält man die Spannung am Anfang der Leitung $\dot{U}_A$. Der gesamte Spannungsverlust der Leitung ist dann wie im Teil 1, S. 61 für die Gleichstrom-Verteilungsleitung abgeleitete Gl. (14), nur mit komplexen Werten für Spannung und Strom geschrieben:

$$\Delta \dot{U}_{A3} = (\dot{I}_1 + \dot{I}_2 + \dot{I}_3) \cdot R_1 + (\dot{I}_2 + \dot{I}_3) \cdot R_2 + \dot{I}_3 \cdot R_3 \tag{57}$$

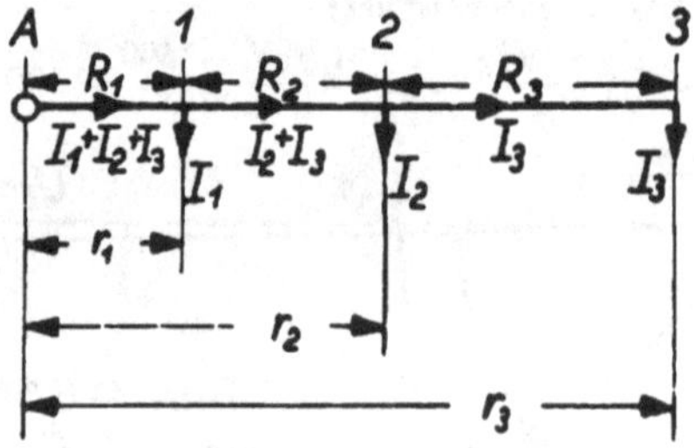

Abb. 5. Einseitig gespeiste Verteilungsleitung

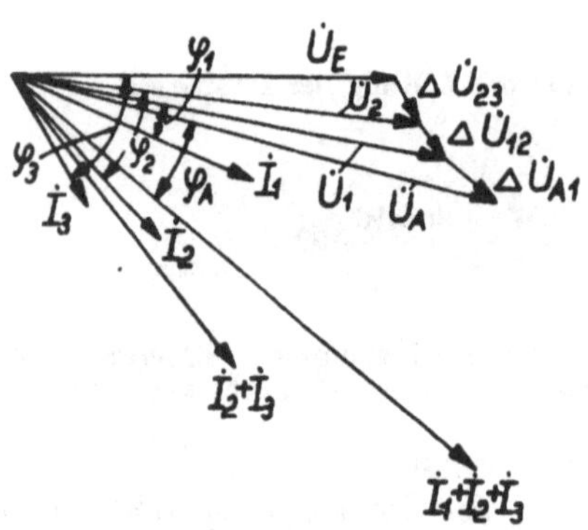

Abb. 6. Zeigerdiagramm der Verteilungsleitung Abb. 5

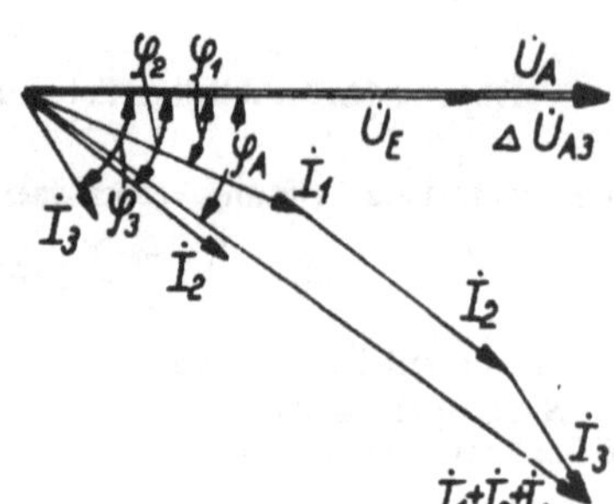

Abb. 7. Vereinfachtes Zeigerdiagramm der Leitung Abb. 5

Bei Berechnung von Wechselstromleitungen werden häufig die Ströme vom Speisepunkt aus addiert, nicht die Abschnittswiderstände.

Bei dieser Art von Verteilungsleitungen ist es zulässig, die meist außerordentlich geringen Phasenverschiebungen, in Abb. 6 wurden sie stark vergrößert, der Spannungen an den einzelnen Abnahmestellen untereinander zu vernachlässigen und die Phasenverschiebungswinkel der Abnehmerströme alle auf die Spannung am Ende U_E, also auf die Netzspannung zu beziehen. Es ergibt sich dann nebenstehendes vereinfachtes Zeigerdiagramm Abb. 7. Die Spannung am Anfang $\dot{U}_A$ fällt praktisch in die Richtung der Spannung am Ende $\dot{U}_E$ und ist dadurch die algebraische Summe von $\dot{U}_E$ und $\Delta\dot{U}_{A3}$. Durch diese Vereinfachung ist es möglich, ähnlich wie bei den Verteilungsleitungen für Gleichstrom, den Querschnitt der Leitung zu ermitteln. Da dieser in der Regel für die ganze Leitung der gleiche ist, kann die Gl. (57), entsprechend Teil 1, S. 62, geschrieben werden:

$$\Delta\dot{U} = \frac{2}{\varkappa \cdot q} \cdot (\dot{I}_1 \cdot l_1 + \dot{I}_2 \cdot l_2 + \dot{I}_3 \cdot l_3) = \frac{2 \cdot \Sigma(\dot{I} \cdot l)}{\varkappa \cdot q} \tag{58}$$

oder für den Querschnitt:

$$q = \frac{2 \cdot \Sigma(\dot{I} \cdot l)}{\varkappa \cdot \Delta U} \tag{58a}$$

Die Längen sind wie die Widerstände auf den Speisepunkt A zu beziehen. Zur Berechnung des Querschnitts wird der Betrag von $\Sigma(\dot{I} \cdot l)$ ermittelt und mit diesem ohne Berücksichtigung seiner Winkellage weitergerechnet. Auch für $\Delta\dot{U}$ wird nur der Zahlenbetrag eingesetzt. Folgendes Beispiel soll den Rechnungsgang näher erläutern.

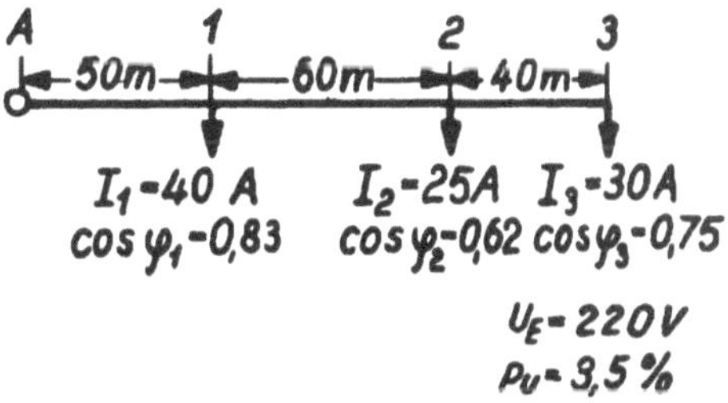

Abb. 8. Einseitig gespeiste Verteilungsleitung für 220 V zum Beispiel 2

Beispiel 2

Der Al-Querschnitt der einseitig gespeisten Verteilungsleitung nach Abb. 8, als kabelähnliche Leitung verlegt, ist für eine Wechselspannung von 220 V bei einem Spannungsverlust von 3,5% zu berechnen!

Lösung:

1. Querschnittsermittlung

Die Ströme in komplexer Form:

$$\begin{aligned}
\dot{I}_1 &= 40\,(0{,}83 - j\,0{,}558) = 33{,}20 - j\,22{,}32\\
\dot{I}_2 &= 25\,(0{,}62 - j\,0{,}785) = 15{,}50 - j\,19{,}63\\
\dot{I}_3 &= 30\,(0{,}75 - j\,0{,}661) = \underline{22{,}5 \quad - j\,19{,}83}\\
\dot{I}_A &= 71{,}2 \quad - j\,61{,}78
\end{aligned}$$

Der Spannungsverlust ist:

$$\Delta U = \frac{p_U}{100} \cdot U_E = \frac{3{,}5}{100} \cdot 220\ \text{V} = \underline{7{,}7\ \text{V}}$$

Nach Gl. (58a) berechnet sich der Querschnitt:

$$q = \frac{2 \cdot \Sigma(I \cdot l)}{\varkappa \cdot \Delta U} = \frac{2 \cdot 9192 \text{ Am}}{35 \frac{\text{m}}{\Omega \text{ mm}^2} \cdot 7{,}7 \text{ V}} = \underline{68 \text{ mm}^2}$$

Gewählt $\underline{\underline{70 \text{ mm}^2 \text{ Al}}}$

Summe der Strommomente

$$(33{,}2 - j\,22{,}32) \cdot 50 = 1660 - j\,1116$$
$$(15{,}5 - j\,19{,}63) \cdot 110 = 1705 - j\,2159$$
$$(22{,}5 - j\,19{,}83) \cdot 150 = \underline{3375 - j\,2975}$$
$$\Sigma\,(\dot{I} \cdot l) = 6740 - j\,6250$$
$$\Sigma\,(I \cdot l) = \sqrt{6740^2 + 6250^2}$$
$$= \sqrt{844\,901} = 9192 \text{ Am}$$

2. Nachprüfen des Spannungsverlustes

Nach Gl. (58) ist:

$$\Delta \dot{U} = \frac{2 \cdot \Sigma\,(I \cdot l)}{\varkappa \cdot q} = \frac{2 \cdot 9192 \text{ Am}}{35 \frac{\text{m}}{\Omega \text{ mm}^2} \cdot 70 \text{ mm}^2} = \underline{7{,}5}$$

$\Delta U = 7{,}5$ V $\qquad p_U = \frac{7{,}5 \text{ V} \cdot 100}{220 \text{ V}} = \underline{3{,}4\%}$

3. Prüfung auf Erwärmung

Der Gesamtstrom ist, siehe unter 1:

$$\dot{I}_A = 71{,}2 - j\,61{,}77 = 94{,}3\, e^{-j\,40{,}9^\circ}$$
$$\underline{\underline{I_A = 94{,}3 \text{ A}}}$$

$$I_A = \sqrt{71{,}2^2 + 61{,}78^2}$$
$$= \sqrt{888\,623} = 94{,}3$$
$$\operatorname{tg} \varphi_A = \frac{61{,}78}{71{,}2} = 0{,}866$$
$$\varphi_A = 40{,}9^\circ$$

Nach Belastungstafel 4, Teil 1, S. 13 für kabelähnliche Leitungen, Spalte 4, kann ein Al-Querschnitt von 70 mm² mit 173 A belastet werden. Der gewählte Querschnitt reicht aus.

Auch für Leitungen mit Abzweigen ist, wie bei Gleichstromleitungen, diese Methode anwendbar. Sind die Leitungen gegeben, so wird die Netzspannung der Ströme zugrunde gelegt.

Doppelseitig gespeiste Verteilungsleitungen

Zur Berechnung des Speisestroms werden, wie bei den Gleichstromleitungen, die Spannungsverluste der einzelnen Abschnitte ermittelt und mit Hilfe der komplexen Rechnung addiert. Für die in Abb. 9 dargestellte doppelseitig gespeiste Verteilungsleitung ergibt sich daraus, wie im Teil 1, S. 66 in Gl. (19) abgeleitet, der Speisestrom in ähnlicher Schreibweise:

$$\overrightarrow{\dot{I}_A} = \frac{\overleftarrow{\Sigma(\dot{I} \cdot R)_{BA}}}{R_{Ges}} \tag{59}$$

Wird wieder die Leitung mit gleichem Querschnitt ausgeführt, so erhält man, anstatt der Widerstände die Längen eingesetzt, den Speisestrom:

$$\overrightarrow{\dot{I}_A} = \frac{\overleftarrow{\Sigma(\dot{I} \cdot l)_{BA}}}{L} \tag{60}$$

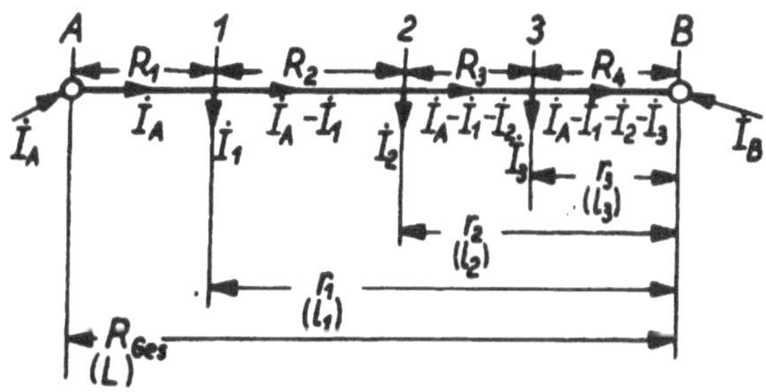

Abb. 9. Doppelseitig gespeiste Verteilungsleitung für Wechselstrom

Alle Gleichungen unterscheiden sich nur, das sei nochmals betont, von den für Gleichstrom abgeleiteten dadurch, daß für Spannung und Strom komplexe Werte, $\dot{U}$ und $\dot{I}$, einzusetzen sind.

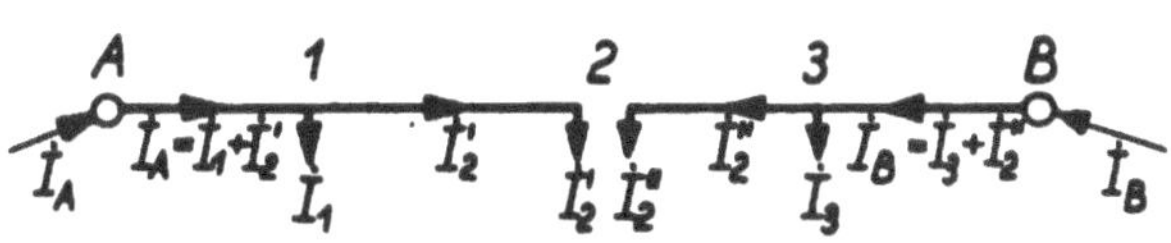

Abb. 10. Aufgeschnittene, doppelseitig gespeiste Leitung der Abb. 9

Mit Hilfe der Speiseströme ermittelt man auch bei Wechselstromleitungen die Punkte tiefster Spannung und trennt in diesem Punkt die Leitung zur Querschnittsberechnung auf. In Abb. 10 ist dieses für die Leitung der Abb. 9 unter der Annahme geschehen, daß der Abnehmer 2 von beiden Seiten gespeist wird, also der Punkt tiefster Spannung ist. Das grundsätzliche Zeigerdiagramm dieser Leitung ist in Abb. 11 aufgezeichnet. Die tiefste Spannung $\dot{U}_E$ ist gleich $\dot{U}_2$, sie ist in die reelle Achse gelegt. Auch bei dieser Leitung kann die Vereinfachung gemacht werden, daß alle Phasenverschiebungswinkel auf die Spannung U_E bezogen werden. Zu $\dot{I}_2$ wird $\dot{I}_1$ addiert, die Summe ist gleich dem Speisestrom $\dot{I}_A$. Entsprechend ist $\dot{I}_B = \dot{I}_3 + \dot{I}_2''$. Zur Probe ist im Diagramm die Summe der beiden Speiseströme gebildet worden, die gleich der Summe der drei Abnehmerströme sein muß, also:

$$\dot{I}_A + \dot{I}_B = \dot{I}_1 + \dot{I}_2 + \dot{I}_3$$

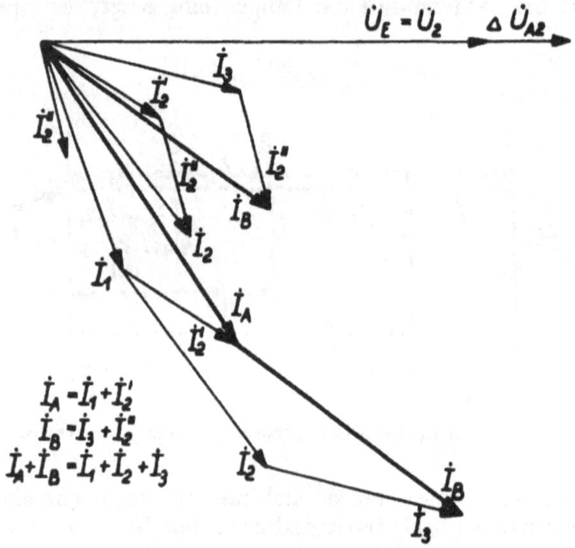

Abb. 11. Grundsätzliches Zeigerdiagramm der Leitung nach Abb. 10

Beispiel 3

Der Cu-Querschnitt der doppelseitig gespeisten Leitung nach Abb. 12, in Rohr verlegt, ist für eine Wechselspannung von 220 V mit 2,5% Spannungsverlust zu berechnen!

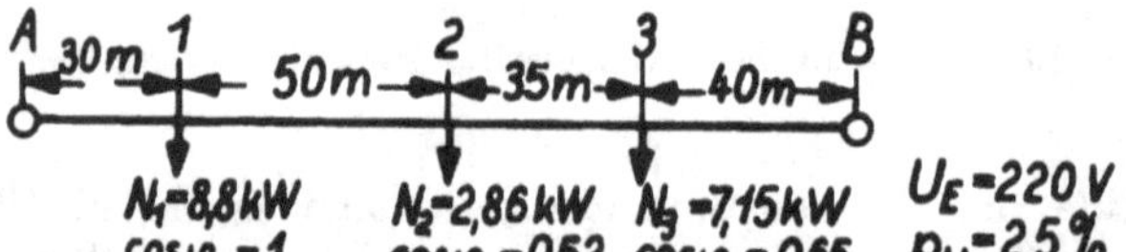

Abb. 12. Doppelseitig gespeiste Verteilungsleitung zum Beispiel 3

Lösung:

1. Ermittlung der Ströme

Nach Gl. (47) ergeben sich die Ströme:

$$I_1 = \frac{N_B}{U_E \cdot \cos \varphi_1} = \frac{8{,}8 \cdot 10^3\ \mathrm{W}}{220\ \mathrm{V} \cdot 1} = \underline{40\ \mathrm{A}}$$

$$I_2 = \frac{2{,}86 \cdot 10^3\ \mathrm{W}}{220\ \mathrm{V} \cdot 0{,}52} = \underline{25\ \mathrm{A}} \qquad I_3 = \frac{7{,}15 \cdot 10^3\ \mathrm{W}}{220\ \mathrm{V} \cdot 0{,}65} = \underline{50\ \mathrm{A}}$$

In komplexer Form:

$$\begin{aligned}
\dot{I}_3 &= 50\,(0{,}65 - j\,0{,}76) &&= 32{,}5 - j\,38{,}0\\
\dot{I}_2 &= 25\,(0{,}52 - j\,0{,}854) &&= 13{,}0 - j\,21{,}4\\
\dot{I}_1 &= 40\,(1 \quad - j\,0) &&= 40{,}0 - j\;\;0\\
& & \dot{I}_{Ges} &= 85{,}5 - j\,59{,}4
\end{aligned}$$

In Abb. 13 sind die bisher berechneten Stromwerte eingetragen.

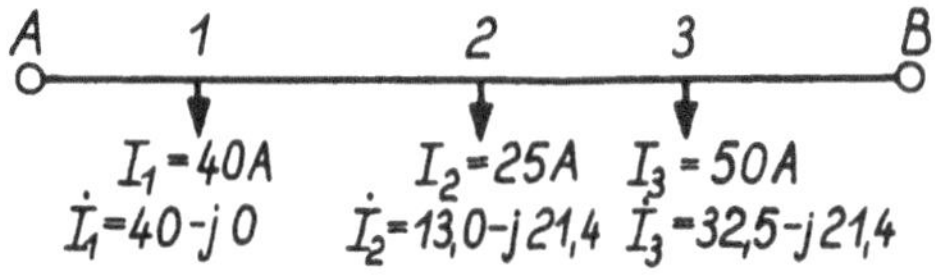

Abb. 13. Doppelseitig gespeiste Leitung mit eingetragenen Strömen

2. Bestimmung des Speisestroms

Nach Gl. (60) ist der Speisestrom:

$$\dot{I}_A = \frac{\Sigma\,(\dot{I}\cdot l)}{L}$$

$$\dot{I}_A = \frac{(7275 - j\,3125)}{155}$$

$$\dot{I}_A = \underline{46{,}9 - j\,20{,}2} = 51{,}1\;e^{-j\,23{,}32^0}$$

$$I_A = \underline{51{,}1\text{ A}}$$

Summe der Strommomente

$$\begin{aligned}
(32{,}5 - j\,38{,}0)\cdot 40 &= 1300 - j\,1520\\
(13{,}0 - j\,21{,}4)\cdot 75 &= 975 - j\,1605\\
(40{,}0 - j\;\;0\;)\cdot 125 &= 5000 - j\;\;0\\
\Sigma\,(\dot{I}\cdot l) &= 7275 - j\,3125
\end{aligned}$$

$$\begin{aligned}
I_A &= \sqrt{46{,}9^2 + 20{,}2^2}\\
&= \sqrt{2607{,}65}\\
&= 51{,}1
\end{aligned}$$

$$\operatorname{tg}\varphi = \frac{20{,}2}{46{,}9} = 0{,}431$$

$$\varphi = 23{,}32^0$$

$$\begin{aligned}
I_2' &= \sqrt{6{,}9^2 + 20{,}2^2}\\
&= \sqrt{455{,}65}\\
&= 21{,}4
\end{aligned}$$

$$\operatorname{tg}\varphi = \frac{20{,}2}{6\cdot 9} = 2{,}93$$

$$\varphi = 71{,}16^0$$

3. Feststellen des Punktes tiefster Spannung

$$\begin{array}{rl} \dot{I}_A = & 46{,}9 - j\,20{,}2 \\ -\dot{I}_1 = & 40{,}0 - j\;\;0 \\ \hline \dot{I}_2' = & \;\;6{,}9 - j\,20{,}2 = 21{,}4\,e^{-j\,71{,}16^\circ} \end{array}$$

Im Abnehmerpunkt 2 herrscht die tiefste Spannung, die Netzspannung 220 V. Hier kann die Leitung aufgeschnitten (Abb. 14) und, wie im Beispiel 6, Teil 1, für eine Gleichstromleitung der Querschnitt ermittelt werden.

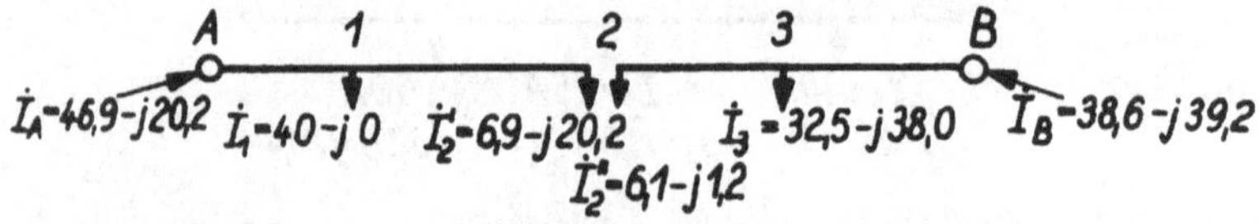

Abb. 14. Aufgeschnittene Leitung zum Beispiel 3

4. Querschnittsermittlung

Der Spannungsverlust ist:

$$U = \frac{p\,U}{100} \cdot U_E = \frac{2{,}5}{100} \cdot 220\ \text{V} = 5{,}5\ \text{V}$$

Nach Gl. (58a) ist der Querschnitt:

$$q = \frac{2 \cdot \Sigma\,(I \cdot l)}{\varkappa \cdot \Delta U} = \frac{2 \cdot 2383\ \text{Am}}{56\,\dfrac{\text{m}}{\Omega\ \text{mm}^2} \cdot 5{,}5\ \text{V}} = \underline{15{,}5\ \text{mm}^2}$$

$$\text{Gewählt}\ \underline{\underline{q = 16\ \text{mm}^2\ \text{Cu}}}$$

Summe der Strommomente

$$\begin{array}{rl} (40 \;\; - j\;\;0\;\;) \cdot 30 = & 1200 - j \quad\;\; 0 \\ (\;6{,}9 - j\,20{,}2) \cdot 80 = & \underline{\;\;552 - j\,1616} \\ \Sigma\,(\dot{I} \cdot l) = & 1752 - j\,1616 \\ \Sigma\,(I \cdot l) = & 10^2 \sqrt{17{,}52^2 + 16{,}16^2} \\ = & 10^2 \sqrt{5681} \\ = & 2383\ \text{Am} \end{array}$$

5. Prüfung auf Erwärmung

Es muß zuerst der Speisestrom I_B ermittelt werden, um zu prüfen, welcher von beiden der größere ist. Der gesamte Strom aller Abnehmer ist, siehe unter 1.,

$$\begin{array}{rl} \dot{I}_{Ges} = & 85{,}5 - j\,59{,}4 \\ -\dot{I}_A = & 46{,}9 + j\,20{,}2 \\ \hline \dot{I}_B = & 38{,}6 - j\,39{,}2 \\ \dot{I}_B = & 55{,}0\,e^{-j\,45{,}38^\circ} \end{array}$$

$$I_A = \underline{51{,}7\ \text{A}} \qquad I_B = \underline{55{,}0\ \text{A}}$$

Nach Spalte 2 der Belastungstafel 3, Teil 1, S. 12 kann ein Cu-Querschnitt von 16 mm² mit 65 A belastet werden, der gewählte Querschnitt reicht aus.

$$I_B = \sqrt{38{,}6^2 + 39{,}2^2}$$
$$= \sqrt{3026{,}6} = 55{,}01$$
$$\operatorname{tg} \varphi = \frac{39{,}2}{38{,}6} = 1{,}013$$
$$\varphi = 45{,}38$$

6. Nachprüfen des Spannungsverlustes

Nach Gl. (58) ist der Spannungsverlust:

$$\Delta U_{2A} = \frac{2 \cdot \Sigma(I \cdot l)}{\varkappa \cdot q} = \frac{2 \cdot 2383 \text{ Am}}{56 \frac{\text{m}}{\Omega \text{ mm}^2} \cdot 16 \text{ mm}^2} = \underline{5{,}32 \text{ V}}$$

Um nachzuweisen, daß es zulässig ist, die Phasenverschiebungen zwischen den einzelnen Spannungen zu vernachlässigen, sollen die einzelnen Spannungsverluste mit Hilfe der symbolischen Methode achgerechnet werden.

$$\Delta \dot{U}_{21} = \dot{I} \cdot R_2 = \dot{I}_2' \cdot \frac{2 \cdot \lambda_1}{\varkappa \cdot q} = 21{,}4\, e^{-j71{,}16^\circ} \cdot \frac{2 \cdot 50}{56 \cdot 16}$$
$$= 2{,}4\, e^{-j71{,}16^\circ} \qquad = 2{,}4 \cdot (0{,}3229 - j\,0{,}9464) = 0{,}77 - j\,2{,}27$$
$$\dot{U}_1 = \dot{U}_2 + \Delta \dot{U}_{21} \qquad = 220{,}00 - j\,0$$
$$+ \quad 0{,}77 - j\,2{,}27$$
$$\dot{U}_1 = 220{,}77 - j\,2{,}27$$

$$\Delta \dot{U}_{1A} = \dot{I}_A \cdot R_1 = \dot{I}_A \cdot \frac{2 \cdot \lambda_2}{\varkappa \cdot q} = 51{,}1\, e^{-j23{,}32^\circ} \cdot \frac{2 \cdot 30}{56 \cdot 16}$$
$$= 3{,}42\, e^{-j23{,}32^\circ} \qquad = 3{,}42 \cdot (0{,}9183 - j\,0{,}3958) = 3{,}14 - j\,1{,}35$$
$$\dot{U}_A = \dot{U}_1 + \Delta \dot{U}_{1A} \qquad = 220{,}77 - j\,2{,}27$$
$$+ \quad 3{,}14 - j\,1{,}35$$
$$\dot{U}_A = 223{,}91 - j\,3{,}62$$
$$\dot{U}_A = 224{,}0\, e^{-j0{,}9^\circ}$$
$$U_A = \underline{224 \text{ V}}$$

Gesamter Spannungsverlust

$$\Delta \dot{U}_{21} = 0{,}71 - j\,2{,}27$$
$$\underline{\Delta \dot{U}_{1A} = 3{,}14 - j\,1{,}35}$$
$$\Delta \dot{U}_{2A} = 3{,}91 - j\,3{,}62 = 5{,}33\, e^{-j42{,}77^\circ}$$
$$\Delta U_{2A} = \underline{5{,}53 \text{ V}}$$

Ermittlung der Beträge

$$U_A = \sqrt{223{,}91^2 + 3{,}62^2}$$
$$= \sqrt{50\,172} = 224{,}0$$
$$\operatorname{tg}\varphi = \frac{3{,}62}{223{,}91} = 0{,}01512$$
$$\varphi = 0{,}9^0$$
$$\Delta U_{2A} = \sqrt{3{,}91^2 + 3{,}62^2}$$
$$= \sqrt{28{,}39} = 5{,}33$$
$$\operatorname{tg}\varphi = \frac{3{,}62}{3{,}91} = 0{,}925$$
$$\varphi = 42{,}77^0$$

Der Unterschied zwischen den Spannungsverlusten

angenäherte Rechnung	$\Delta U = 5{,}32$ V	$p_U = 2{,}40\%$
komplexe Rechnung	$\Delta U = 5{,}33$ V	$p_u = 2{,}42\%$

ist so gering, daß die für diese Art von Verteilungsleitungen angenäherte Rechnungsweise völlig ausreichende Ergebnisse liefert.

b) Einfache Leitungen für Drehstrom

Sowohl für die Speiseleitungen als auch für die einseitig und doppelseitig gespeisten Verteilungsleitungen gelten dieselben Gleichungen wie für die Einphasenleitungen. Nur muß beachtet werden, daß alle Widerstandswerte sich bei Drehstrom auf einen Strang beziehen, daher auch mit der Sternspannung U_{St} zu rechnen ist. Die Gl. (58) und (58a) erhalten dadurch folgende Form:

$$\Delta \dot{U}_{St} = \frac{\Sigma(I \cdot l)}{\varkappa \cdot q} \tag{61}$$

$$q = \frac{\Sigma(I \cdot l)}{\varkappa \cdot \Delta U_{St}} \tag{61a}$$

In der Regel ist der prozentuale Spannungsverlust bezogen auf die Netzspannung des Drehstromsystems U_E gegeben. Dann ist der Spannungsverlust, bezogen auf die Sternspannung:

$$\Delta U_{St} = \frac{p_U}{100} \cdot \frac{U_E}{\sqrt{3}} \tag{62}$$

Bei Vierleiteranlagen wird der Querschnitt des Sternpunktsleiters nur halb bis zweidrittel so stark gewählt wie der des berechneten Hauptleiters.

Beispiel 4

Die gleiche Leitungsanlage wie im Beispiel 3 soll für Drehstrom $3 \cdot 220$ V mit 2,5% Spannungsverlust berechnet werden.

Lösung:

1. Ermittlung der Ströme

Nach Gl. (49) ergeben sich die Ströme:

$$I_1 = \frac{N_1}{\sqrt{3} \cdot U_E \cdot \cos \varphi_1} = \frac{8{,}8 \cdot 10^3 \text{ W}}{1{,}73 \cdot 220 \text{ V} \cdot 1} = \underline{23{,}1 \text{ A}}$$

$$I_2 = \frac{2{,}86 \cdot 10^3 \text{ W}}{1{,}73 \cdot 220 \text{ V} \cdot 0{,}52} = \underline{14{,}45 \text{ A}} \qquad I_3 = \frac{7{,}15 \cdot 10^3 \text{ W}}{1{,}73 \cdot 220 \text{ V} \cdot 0{,}65} = \underline{28{,}9 \text{ A}}$$

In komplexer Form:

$$\begin{aligned} \dot{I}_3 &= 28{,}9 \;(0{,}65 - j\,0{,}76) &&= 18{,}79 - j\,21{,}95 \\ \dot{I}_2 &= 14{,}45\;(0{,}52 - j\,0{,}854) &&= \;\;7{,}52 - j\,12{,}34 \\ \dot{I}_1 &= 23{,}1 \;(1 \;\; - j\,0) &&= \underline{23{,}1 \;\; - j\;\;0} \\ & & \dot{I}_{Ges} &= 49{,}41 - j\,34{,}29 \end{aligned}$$

2. Bestimmung des Speisestroms

Nach Gl. (60) ist der Speisestrom:

$$\dot{I}_A = \frac{(\dot{I} \cdot l)}{L} = \frac{(4204 - j\,1804)}{155}$$

$$\dot{I}_A = 27{,}1 - j\,11{,}6 = 29{,}48\; e^{-j\,23{,}17^\circ}$$

$$\dot{I}_A = \underline{29{,}48 \text{ A}}$$

Summe der Strommomente

$$\begin{aligned} (18{,}79 - j\,21{,}95) \cdot 40 &= 752 - j\;878 \\ (\;7{,}52 - j\,12{,}34) \cdot 75 &= 564 - j\;926 \\ (23{,}1 \;\; - j\;\;0\;\;) \cdot 125 &= \underline{2888 - j\;\;\;0} \\ \Sigma\,(\dot{I} \cdot l) &= 4204 - j\,1804 \end{aligned}$$

$$I_A = \sqrt{27{,}1^2 + 11{,}6^2}$$

$$= \sqrt{868{,}97} = 29{,}48$$

$$\operatorname{tg} \varphi = \frac{11{,}6}{27{,}1} = 0{,}428$$

$$\varphi = 23{,}17^\circ$$

3. Feststellen des Punktes tiefster Spannung

$$\begin{aligned} \dot{I}_A &= 27{,}1 - j\,11{,}6 \\ -\dot{I}_1 &= \underline{23{,}1 - j\;\;0} \\ \dot{I}_2' &= \;\;4{,}0 - j\,11{,}6 \end{aligned} \qquad \begin{aligned} \dot{I}_2 &= 7{,}52 - j\,12{,}54 \\ -\dot{I}_2' &= \underline{4{,}00 - j\,11{,}60} \\ \dot{I}_2'' &= 3{,}52 - j\;\;0{,}74 \end{aligned}$$

Wieder kann die Leitung im Abnehmerpunkt 2 aufgeschnitten werden, wie es Abb. 15 zeigt.

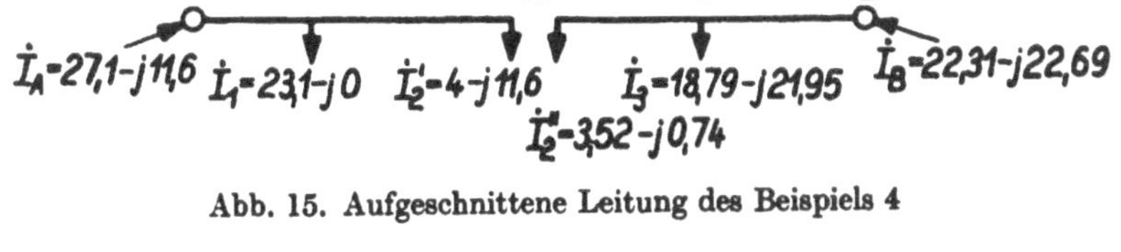

Abb. 15. Aufgeschnittene Leitung des Beispiels 4

4. Querschnittsberechnung

Der Spannungsverlust ist nach Gl. (62):

$$\Delta U_{St} = \frac{p_U}{100} \cdot \frac{U_E}{\sqrt{3}} = \frac{2{,}5 \cdot 220\,\text{V}}{100 \cdot 1{,}73} = = \underline{3{,}18\ \text{V}}$$

Der Querschnitt ergibt sich nach Gl. (61a) zu:

$$q = \frac{\Sigma(\dot{I} \cdot l)_{A2}}{\varkappa \cdot \Delta U_{St}} = \frac{1374\ \text{Am}}{56\ \frac{\text{m}}{\Omega\ \text{mm}^2} \cdot 3{,}18\ \text{V}}$$

$$q = 7{,}7\ \text{mm}^2 \qquad \text{gewählt } \underline{10\ \text{mm}^2\ \text{Cu}}$$

Summe der Strommomente

$$\begin{aligned}
(23{,}1 - j\ 0\ ) \cdot 30 &= 693 - j\ \ 0 \\
(\ 4{,}0 - j\ 11{,}6) \cdot 80 &= \underline{320 - j\ 928} \\
\Sigma(\dot{I} \cdot l)_{A2} &= 1013 - j\ 928
\end{aligned}$$

$$\begin{aligned}
(I \cdot l) &= 10^2 \cdot \sqrt{10{,}13^2 + 9{,}28^2} \\
&= 10^2 \cdot \sqrt{188{,}74} \\
&= 1374\ \text{Am}
\end{aligned}$$

$$\begin{aligned}
I_B &= \sqrt{22{,}31^2 + 22{,}69^2} \\
&= \sqrt{1012{,}54} = 31{,}82 \\
\text{tg}\,\varphi &= \frac{22{,}69}{22{,}31} = 1{,}018 \\
\varphi &= 45{,}5^0
\end{aligned}$$

5. Prüfung auf Erwärmung

$$\begin{aligned}
\dot{I}_{Ges} &= 49{,}41 - j\ 34{,}29 \\
-\dot{I}_A &= \underline{27{,}10 - j\ 11{,}60} \\
\dot{I}_B &= 22{,}37 - j\ 22{,}69 \\
\dot{I}_B &= 31{,}82\ e^{-j45{,}5^0}
\end{aligned}$$

$$I_A = \underline{29{,}48\ \text{A}} \qquad I_B = \underline{31{,}82\ \text{A}}$$

Nach Spalte 2 der Belastungstafel 3, Teil 1, S. 12 kann ein Cu-Querschnitt von 10 mm² mit 48 A belastet werden, der gewählte Querschnitt ist ausreichend.

6. Nachprüfen des Spannungsverlustes

Nach Gl. (61) ist der Spannungsverlust bezogen auf die Sternspannung:

$$\Delta U_{St} = \frac{\Sigma(I \cdot l)}{\varkappa \cdot q} = \frac{1374\ \text{Am}}{56\ \frac{\text{m}}{\Omega\ \text{mm}^2} \cdot 10\ \text{mm}^2} = \underline{\underline{2{,}46\ \text{V}}}$$

Gl. (62) nach p_U umgestellt:

$$p_U = \frac{\Delta U_{St} \cdot 100 \cdot \sqrt{3}}{U_E} = \frac{2{,}45 \cdot 100 \cdot 1{,}73}{220\ \text{V}} = \underline{\underline{1{,}92\%}}$$

Der Vorteil des Drehstromsystems gegenüber dem Einphasenbetrieb kommt bei dem vorangegangenen Beispiel dadurch nicht voll zur Wirkung, daß die gleiche Netzspannung von 220 V für beide Leitungsanlagen zugrunde gelegt wurde. Die große Überlegenheit des Drehstromsystems

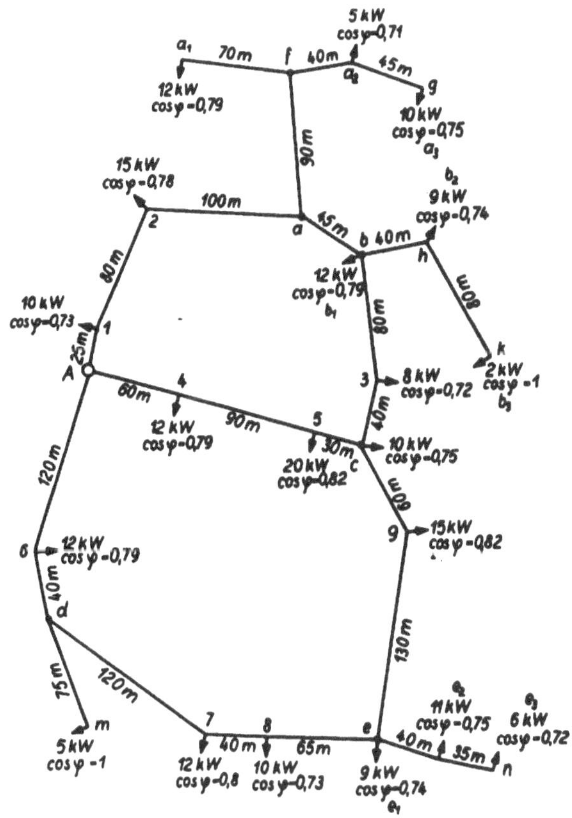

Abb. 16a. Ortsnetz für Drehstrom 380/220 V

würde eine Vierleiteranlage mit $\sqrt{3}$-mal größerer Spannung zwischen den Außenleitern ergeben, bei der zwischen einem Außenleiter und dem Sternpunktsleiter ebenfalls 220 V zur Verfügung ständen.

c) Leitungsnetze für Einphasen- und Drehstrom

Die Querschnittsberechnung von Leitungsnetzen für Wechselstrom, wobei sehr selten Einphasenstrom, fast stets Drehstrom angewendet wird, geschieht mit Hilfe der Schnittmethode, sofern nicht die Querschnitte der

Tafel 1. Zusammenstellung der Belastungsströme

1	2	3	4	5	6	7
Abnehmer Nr.	N kW	cos φ	sin φ	I A	$\mathfrak{I}$	$\mathfrak{I}$
1	10	0,73	0,68	20,8		15,2 − j 14,1
2	15	0,78	0,63	29,1		22,7 − j 18,4
a_1	12	0,79	0,61	23,0	18,2 − j 14,0	
a_2	5	0,71	0,7	10,7	7,6 − j 7,5	
a_3	10	0,75	0,66	20,2	15,1 − j 13,3	
a					40,9 − j 34,8	40,9 − j 34,8
b_1	12	0,79	0,61	23,0	18,2 − j 14,0	
b_2	9	0,74	0,67	18,4	13,6 − j 12,3	
b_3	2	1	0	3,0	3,0 − j 0	
b					34,8 − j 26,3	34,8 − j 26,3
3	8	0,72	0,69	16,9		12,1 − j 11,7
$\mathfrak{I}_{Aac}$						125,7 − j 105,3
4	12	0,79	0,61	23,0		18,2 − j 14,0
5	20	0,82	0,57	37,0		30,3 − j 21,1
$\mathfrak{I}_{Ac}$						48,5 − j 35,1
c	10	0,75	0,66	20,2	15,1 − j 13,3	
6	12	0,79	0,61	23,0		18,2 − j 14,0
d	5	1	0	7,6		7,6 − j 0
7	12	0,8	0,6	22,8		18,2 − j 13,7
8	10	0,73	0,68	20,8		15,2 − j 14,1
e_1	9	0,74	0,67	18,4	13,6 − j 12,3	
e_2	11	0,75	0,66	22,2	16,7 − j 14,7	
e_3	6	0,72	0,69	12,6	9,1 − j 8,7	
e					39,4 − j 35,7	39,4 − j 35,7
9	15	0,82	0,57	27,8		22,8 − j 15,8
$\mathfrak{I}_{Aec}$						121,4 − j 93,3

einzelnen Stränge durch wirtschaftliche Erwägungen schon bestimmt sind. Da in den Netzen infolge der eingebauten Umspanner und vor allem durch die angeschlossenen Motoren stets induktive Belastung, d. h. also Nacheilung der Ströme gegenüber der Spannung vorliegt, müssen aus den für die einzelnen Abnehmer angegebenen Leistungen zuerst die Ströme mit Hilfe der Rechnung mit komplexen Zahlen ermittelt werden.

Um die Spannungen in den einzelnen Knotenpunkten berechnen und mit ihnen die Stromverteilung im Netz aufstellen zu können, wird das Netz durch Netzumwandlung (Teil 1, S. 87) auf seine einfachste Form gebracht und dann rückwärts für jeden einzelnen Leitungsstrang der auf ihm fließende Strom, für jeden Knotenpunkt die an ihm herrschende Spannung oder der an ihm auftretende Spannungsverlust ermittelt. Die Knotenpunktsspannungen oder die an ihnen auftretenden Spannungsverluste müssen mindestens gleich oder höher als die gegebene Nennspannung sein oder dürfen den geforderten Spannungsverlust nicht überschreiten.

Beispiel 5

Das Freileitungs-Ortsnetz der Abb. 16a soll als Vierleiteranlage mit Kupferseilen ausgeführt werden. Es ist für Drehstrom 3 · 380/220 V mit 3,5% Spannungsverlust zu berechnen!

Lösung:

1. Berechnung der Ströme der einzelnen Abnehmer

Zur Berechnung der Belastungsströme wird wieder die Annahme gemacht, daß die Netzspannung von 380 V in allen Punkten gleich ist. Dann ergibt sich der Strom nach Gl. (49) z. B. für Abnehmer 1:

$$I_1 = \frac{N_1}{\sqrt{3} \cdot U_E \cdot \cos \varphi_1} = \frac{10 \cdot 10^3 \text{ W}}{1{,}73 \cdot 380 \text{ V} \cdot 0{,}73} = \underline{20{,}8 \text{ A}}$$

In komplexer Form:

$$\mathfrak{I}_1 = I \cdot (\cos \varphi_1 - j \sin \varphi_1) = 20{,}8 \cdot (0{,}73 - j\, 0{,}68) = \underline{15{,}2 - j\, 14{,}1}$$

In der nebenstehenden Tafel 1 sind die errechneten Werte der einzelnen Abnehmerströme eingetragen. In der letzten Spalte sind die Belastungsströme in den Abzweigpunkten der Stichleitungen zusammengefaßt.

2. Querschnittsberechnung nach der Schnittmethode

In Abb. 16b ist das Netz in vereinfachter übersichtlicherer Form dargestellt. Die Belastungsströme aus der Tabelle sind eingetragen, die Stichleitungen sind vor-

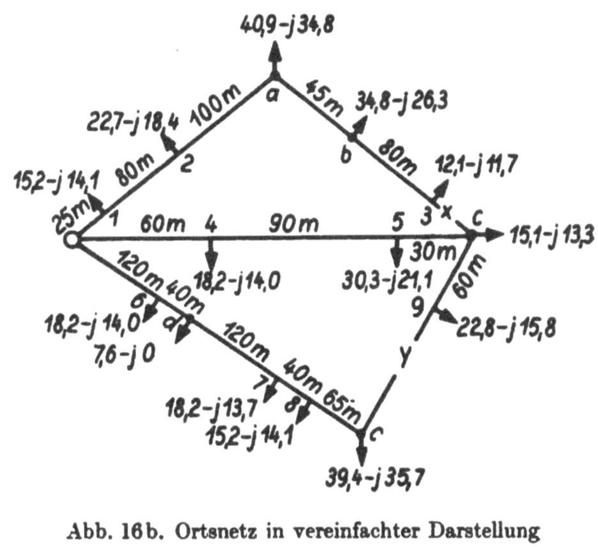

Abb. 16b. Ortsnetz in vereinfachter Darstellung

erst fortgelassen, ihre gesamten Belastungsströme sind in den jeweiligen Abzweigpunkten ebenfalls angegeben. Das Netz wird in den Punkten x und y aufgeschnitten und die Querschnitte der drei sich ergebenden Leitungsstränge berechnet.

Der Spannungsverlust ist nach Gl. (62):

$$\Delta U_{St} = \frac{p_U}{100} \cdot \frac{U_B}{\sqrt{3}} = \frac{3{,}5 \cdot 380\ \text{V}}{100 \cdot 1{,}73} = \underline{7{,}7\ \text{V}}$$

Für die Stichleitungen werden 2 V Spannungsverlust angenommen, so daß für die Hauptleitungen mit 5,7 V gerechnet werden kann.

a) Leitung A—a—y

Nach Gl. (61a) ergibt sich der Querschnitt:

$$q_{Aay} = \frac{\Sigma(I \cdot l)_{Aay}}{\varkappa \cdot \Delta U_{St}} = \frac{31\,026\ \text{Am}}{56\ \frac{\text{m}}{\Omega\ \text{mm}^2} \cdot 5{,}7\ \text{V}}$$

$$q_{Aay} = \underline{\underline{97\ \text{mm}^2}}$$

b) Leitung A—c—x

$$q_{Aax} = \frac{\Sigma(I \cdot l)_{Acx}}{\varkappa \cdot \Delta U_{St}} = \frac{17\,200\ \text{Am}}{56\ \frac{\text{m}}{\Omega\ \text{mm}^2} \cdot 5{,}7\ \text{V}}$$

$$q_{Aax} = \underline{\underline{54\ \text{mm}^2}}$$

c) Leitung A—e—x

$$q_{Aex} = \frac{\Sigma(I \cdot l)_{Aex}}{\varkappa \cdot \Delta U_{St}} = \frac{37\,135\ \text{Am}}{56\ \frac{\text{m}}{\Omega\ \text{mm}^2} \cdot 5{,}7\ \text{V}}$$

$$q_{Aex} = \underline{\underline{116\ \text{mm}^2}}$$

Summe der Strommomente

$$\begin{aligned}
(15{,}2 - j\,14{,}1) \cdot 25 &= 380 - j\ 352 \\
(22{,}7 - j\,18{,}4) \cdot 105 &= 2\,384 - j\ 1\,932 \\
(40{,}9 - j\,34{,}8) \cdot 205 &= 8\,385 - j\ 7\,134 \\
(34{,}8 - j\,26{,}3) \cdot 250 &= 8\,700 - j\ 6\,575 \\
(12{,}1 - j\,11{,}7) \cdot 330 &= \underline{3\,993 - j\ 3\,861} \\
\Sigma\,(\dot{I} \cdot l)_{Aay} &= 23\,842 - j\,19\,854 \\
\Sigma\,(I \cdot l)_{Aay} &= 10^3 \cdot \sqrt{23{,}842^2 + 19{,}854^2} \\
&= 10^3 \cdot \sqrt{962{,}62} = 31\,026\ \text{Am}
\end{aligned}$$

$$\begin{aligned}
(18{,}2 - j\,14{,}0) \cdot 60 &= 1\,092 - j\ 840 \\
(30{,}3 - j\,21{,}1) \cdot 150 &= 4\,545 - j\ 3\,165 \\
(15{,}1 - j\,13{,}3) \cdot 180 &= 2\,718 - j\ 2\,394 \\
(22{,}8 - j\,15{,}8) \cdot 240 &= \underline{5\,472 - j\ 3\,792} \\
\Sigma\,(\dot{I} \cdot l)_{Acx} &= 13\,827 - j\,10\,191 \\
\Sigma\,(I \cdot l)_{Acx} &= 10^3 \cdot \sqrt{13{,}827^2 + 10{,}191^2} \\
&= 10^3 \cdot \sqrt{295{,}53} = 17\,200
\end{aligned}$$

$$
\begin{aligned}
(18{,}2 - j\,14{,}0) \cdot 120 &= 2\,184 - j\;\;1\,680 \\
(\;7{,}6 - j\;\;0\;\;) \cdot 160 &= 1\,216 - j\;\;\;\;\;\;0 \\
(18{,}2 - j\,13{,}7) \cdot 280 &= 5\,096 - j\;\;3\,836 \\
(15{,}2 - j\,14{,}1) \cdot 320 &= 4\,864 - j\;\;4\,512 \\
(39{,}4 - j\,35{,}7) \cdot 385 &= \underline{15\,169 - j\,13\,744} \\
\Sigma\,(\mathfrak{I} \cdot l)_{Aex} &= 28\,529 - j\,23\,772 \\
\Sigma\,(I \cdot l)_{Aex} &= 10^3 \cdot \sqrt{28{,}529^2 + 23{,}772^2} \\
&= 10^3 \cdot \sqrt{1379{,}01} = 37\,135\ \mathrm{A}
\end{aligned}
$$

d) Gewählte Querschnitte

Da die mittlere Leitung A—c—x die kürzeste ist, wird ihr Querschnitt auf 95 mm² verstärkt, um dadurch die beiden äußeren, längeren zu entlasten. Es werden gewählt

$$
q_{Aac} = \underline{\underline{70\ \mathrm{mm}^2}} \qquad q_{Ac} = \underline{\underline{95\ \mathrm{mm}^2}} \qquad q_{Aec} = \underline{\underline{70\ \mathrm{mm}^2}}
$$

3. Netzumwandlung

a) Berechnung der scheinbaren Speiseströme

Zur Netzumwandlung müssen die Leitungen frei von Belastungsströmen gemacht werden. Das geschieht, wie bei den früheren Beispielen, durch Ermittlung der scheinbaren Speiseströme der einzelnen Leitungsstränge, die als doppelseitig gespeiste Leitungen aufgefaßt werden.

Leitung A—a—c

Nach Gl. (60) ist:

$$
\begin{aligned}
\mathfrak{I}'_{Aac} &= \frac{\Sigma(\mathfrak{I} \cdot l)_{caA}}{L_{Aac}} \\
\mathfrak{I}'_{Aac} &= \frac{22\,669 - j\,19\,107}{370} \\
\mathfrak{I}'_{Aac} &= \underline{61{,}3 - j\,51{,}6} \\
\mathfrak{I}_{Aac} &= 125{,}6 - j\,105{,}3 \quad \text{(siehe Tabelle der Ströme)} \\
-\,\mathfrak{I}'_{Aac} &= \underline{\;\;61{,}3 - j\;\;51{,}6} \\
\mathfrak{I}'_{caA} &= \underline{\;\;64{,}4 - j\;\;53{,}7}
\end{aligned}
$$

Summe der Strommomente

$$
\begin{aligned}
(12{,}1 - j\,11{,}7) \cdot \;\;40 &= \;\;\;484 - j\;\;\;\;468 \\
(34{,}8 - j\,26{,}3) \cdot 120 &= 4\,176 - j\;\;3\,156 \\
(40{,}9 - j\,34{,}8) \cdot 165 &= 6\,749 - j\;\;5\,742 \\
(22{,}7 - j\,18{,}4) \cdot 265 &= 6\,016 - j\;\;4\,876 \\
(15{,}2 - j\,14{,}1) \cdot 345 &= \underline{5\,244 - j\;\;4\,865} \\
\Sigma\,(\mathfrak{I} \cdot l)_{caA} &= 22\,669 - j\,19\,107
\end{aligned}
$$

Leitung A—c

$$
\begin{aligned}
\mathfrak{I}'_{Ac} &= \frac{\Sigma\,(\mathfrak{I} \cdot l)_{cA}}{L_{Ac}} \\
\mathfrak{I}'_{Ac} &= \frac{3093 - j\,2313}{180} = \underline{17{,}2 - j\,12{,}8} \\
\mathfrak{I}_{Ac} &= 48{,}5 - j\,35{,}1 \quad \text{(siehe Tabelle der Ströme)} \\
-\,\mathfrak{I}'_{Ac} &= \underline{17{,}2 - j\,12{,}8} \\
\mathfrak{I}'_{cA} &= \underline{\underline{31{,}3 - j\,22{,}3}}
\end{aligned}
$$

Summe der Strommomente

$$
\begin{aligned}
(30{,}3 - j\,21{,}1) \cdot 30 &= 909 - j\,633 \\
(18{,}2 - j\,14{,}0) \cdot 120 &= \underline{2184 - j\,1680} \\
\Sigma\,(\dot I \cdot l)_{cA} &= 3093 - j\,2313
\end{aligned}
$$

Leitung A—e—c

$$
\dot I'_{Aec} = \frac{\Sigma\,(\dot I \cdot l)_{ceA}}{L_{Aec}}
$$

$$
= \frac{29\,539 - j\,21\,739}{575}
$$

$$
\dot I'_{Aec} = \underline{\underline{51{,}3 - j\,37{,}8}}
$$

$$
\dot I_{Aec} = 121{,}4 - j\,93{,}3 \text{ (siehe Tabelle der Ströme)}
$$

$$
-\dot I'_{Aec} = \underline{51{,}3 - j\,37{,}8}
$$

$$
\dot I'_{ceA} = \underline{\underline{70{,}1 - j\,55{,}5}}
$$

Summe der Strommomente

$$
\begin{aligned}
(22{,}8 - j\,15{,}8) \cdot 60 &= 1\,368 - j\,948 \\
(39{,}4 - j\,35{,}7) \cdot 190 &= 7\,486 - j\,6\,783 \\
(15{,}2 - j\,14{,}1) \cdot 255 &= 3\,876 - j\,3\,596 \\
(18{,}2 - j\,13{,}7) \cdot 295 &= 5\,369 - j\,4\,042 \\
(7{,}6 - j\,0) \cdot 415 &= 3\,154 - j\,0 \\
(18{,}2 - j\,14{,}0) \cdot 455 &= \underline{8\,286 - j\,6\,370} \\
\Sigma\,(\dot I \cdot l)_{ceA} &= 29\,539 - j\,21\,739
\end{aligned}
$$

In Abb. 16c sind die scheinbaren Speiseströme eingetragen. Der Knotenpunktsstrom im Punkte c ergibt sich daraus zu:

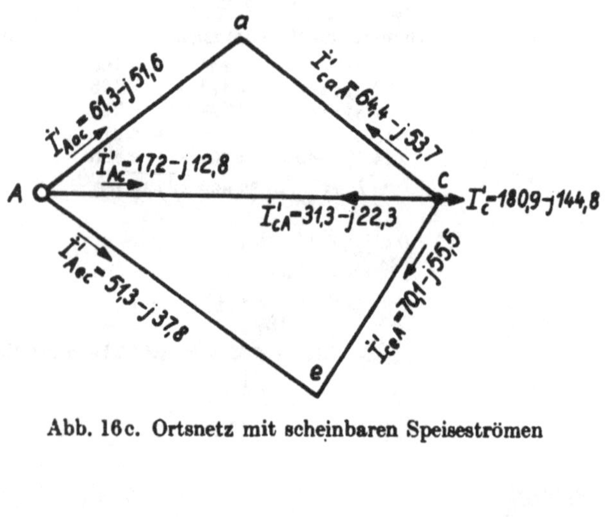

Abb. 16c. Ortsnetz mit scheinbaren Speiseströmen

$$
\begin{array}{rcl}
I'_{caA} & = & 64{,}4 - j\ 53{,}7 \\
+\ I'_{cA} & = & 31{,}3 - j\ 22{,}3 \\
+\ I'_{ceA} & = & 70{,}1 - j\ 55{,}5 \\
+\ I_{c} & = & 15{,}1 - j\ 13{,}3 \\
\hline
I'_{c} & = & 180{,}9 - j\,144{,}8
\end{array}
$$

b) Berechnen der Leiterwiderstände

$$R_{Aac} = \frac{l_{Aac}}{\varkappa \cdot q_{Aac}} = \frac{370\ \text{m}}{56\ \frac{\text{m}}{\Omega\ \text{mm}^2} \cdot 70\ \text{mm}^2} = 0{,}0943\ \Omega$$

$$R_{Ac} = \frac{l_{Ac}}{\varkappa \cdot q_{Ac}} = \frac{180\ \text{m}}{56\ \frac{\text{m}}{\Omega\ \text{mm}^2} \cdot 95\ \text{mm}^2} = 0{,}0338\ \Omega$$

$$R_{Aec} = \frac{l_{Aec}}{\varkappa \cdot q_{Aec}} = \frac{575\ \text{m}}{56\ \frac{\text{m}}{\Omega\ \text{mm}^2} \cdot 70\ \text{mm}^2} = 0{,}1467\ \Omega$$

c) Netzumwandlung durch Parallelschaltung der drei Leitungen nach Gl. (37), Teil 1

Die drei Leitwerte sind:

$$G_{Aac} = \frac{1}{R_{Aac}} = \frac{1}{0{,}0943\ \Omega} = 10{,}6\ \text{S}$$

$$G_{Ac} = \frac{1}{R_{Ac}} = \frac{1}{0{,}03385\,\Omega} = 29{,}6\ \text{S}$$

$$G_{Aec} = \frac{1}{R_{Aec}} = \frac{1}{0{,}1467\ \Omega} = \underline{6{,}8\ \text{S}}$$

$$\text{Gesamtleitwert } G_{Ges} = 47{,}0\ \text{S}$$

Nach Gl. (37a) Teil 1 ist der Gesamtwiderstand

$$R_{Ges} = \frac{1}{G_{Ges}} = \frac{1}{47\ \text{S}} = 0{,}0213\ \Omega$$

Abb. 16d zeigt den einfachen Leitungsstrang, in den das Netz umgewandelt wurde.

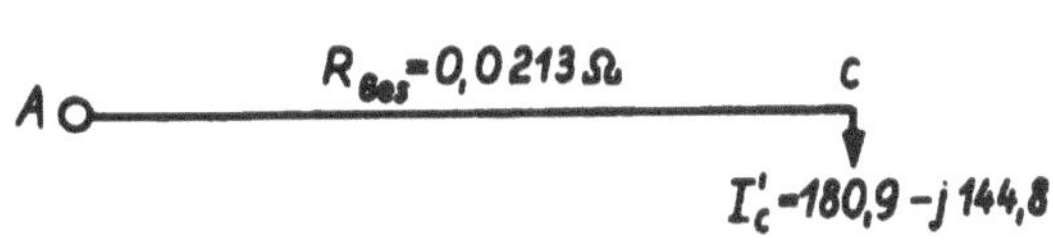

Abb. 16d. Ergebnis der Netzumwandlung: Einfacher Leitungsstrang

4. Rückwandlung des Netzes

a) Aufteilen des Stromes I_c' auf die Parallelschaltung

Die Ströme verhalten sich umgekehrt wie die Widerstände, Gl. (36) Teil 1:

$$I_{Aac}'' = \frac{R_{Ges}}{R_{Aac}}\, I_c' = \frac{0{,}0213\ \Omega}{0{,}0943\ \Omega} \cdot (181 - j\,144{,}7) = 40{,}8 - j\ \ 32{,}7$$

$$I_{Ac}'' = \frac{R_{Ges}}{R_{Ac}}\, I_c' = \frac{0{,}0213\ \Omega}{0{,}0338\ \Omega} \cdot (181 - j\,144{,}7) = 113{,}8 - j\ \ 91{,}1$$

$$I_{Aec}'' = \frac{R_{Ges}}{R_{Aec}}\, I_c' = \frac{0{,}0213\ \Omega}{0{,}1467\ \Omega} \cdot (181 - j\,144{,}7) = \underline{26{,}3 - j\ \ 21{,}0}$$

$$\text{Probe: } I_c'' = 180{,}9 - j\,144{,}8$$

b) Ermittlung der wirklichen Speiseströme

Diese ergeben sich aus der Summe der scheinbaren Speiseströme, Abschnitt 3a dieser Lösung und der aus der Parallelschaltung errechneten Ströme, 4a:

Leitung A – a – c

$$\begin{aligned} I_{Aac}' &= 61{,}3 - j\,51{,}6 \\ + I_{Aac}'' &= \underline{40{,}8 - j\,32{,}7} \\ I_{A1} &= 102{,}1 - j\,84{,}3 \end{aligned}$$

Leitung A – c

$$\begin{aligned} I_{Ac}' &= 17{,}2 - j\ \ 12{,}8 \\ + I_{Ac}'' &= \underline{113{,}8 - j\ \ 91{,}1} \\ I_{A3} &= 131{,}0 - j\,103{,}9 \end{aligned}$$

Leitung A – e – c

$$\begin{aligned} I_{Aec}' &= 51{,}3 - j\,37{,}8 \\ + I_{Aec}'' &= \underline{26{,}3 - j\,21{,}0} \\ I_{A6} &= 77{,}6 - j\,58{,}8 \end{aligned}$$

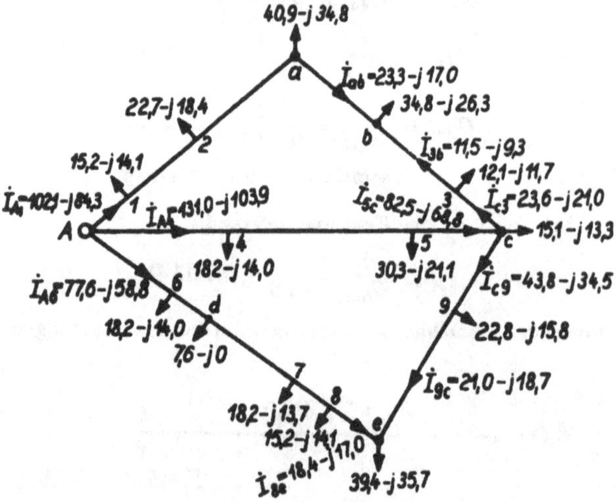

Abb. 16e. Stromverteilung im Ortsnetz

5. Stromverteilung

In Abb. 16e sind die tatsächlichen Speiseströme und die Belastungsströme eingetragen. Daraus ergibt sich die Stromverteilung auf die einzelnen Leitungen:

Leitung A–a–c

$$\begin{aligned} \mathfrak{I}_1 &= 15{,}2 - j\,14{,}1 \\ + \mathfrak{I}_2 &= 22{,}7 - j\,18{,}4 \\ - \mathfrak{I}_a &= 40{,}9 - j\,34{,}8 \\ \hline \mathfrak{I}_{1a} &= 78{,}8 - j\,67{,}3 \end{aligned}$$

$$\begin{aligned} \mathfrak{I}_{A1} &= 102{,}1 - j\,84{,}3 \\ - \mathfrak{I}_{1a} &= 78{,}8 - j\,67{,}3 \\ \hline \mathfrak{I}_{ab} &= 23{,}3 - j\,17{,}0 \\ I_{ab} &= 28{,}8\ \text{A} \end{aligned}$$

Punkt b

$$\begin{aligned} \mathfrak{I}_b &= 34{,}8 - j\,26{,}3 \\ - \mathfrak{I}_{ab} &= 23{,}3 - j\,17{,}0 \\ \hline \mathfrak{I}_{3b} &= 11{,}5 - j\ \ 9{,}3 \\ I_{3b} &= 14{,}8\ \text{A} \end{aligned}$$

Ermittlung der Strombeträge

$$\begin{aligned} I_{ab} &= \sqrt{23{,}3^2 + 17^2} = \sqrt{831{,}8} \\ &= 28{,}8 \\ I_{3b} &= \sqrt{11{,}5^2 + 9{,}3^2} = \sqrt{218{,}7} \\ &= 14{,}8 \end{aligned}$$

Leitung c–b

$$\begin{aligned} \mathfrak{I}_3 &= 12{,}1 - j\,11{,}7 \\ + \mathfrak{I}_{3b} &= 11{,}5 - j\ \ 9{,}3 \\ \hline \mathfrak{I}_{c3} &= 23{,}6 - j\,21{,}0 \\ I_{c3} &= 31{,}6\ \text{A} \end{aligned}$$

Leitung A–c

$$\begin{aligned} \mathfrak{I}_4 &= 18{,}2 - j\,14{,}0 \\ - \mathfrak{I}_5 &= 30{,}3 - j\,21{,}1 \\ \hline \mathfrak{I}_{45} &= 48{,}5 - j\,35{,}1 \end{aligned}$$

$$\begin{aligned} \mathfrak{I}_{A4} &= 131{,}0 - j\,103{,}9 \\ - \mathfrak{I}_{45} &= 48{,}5 - j\ \ 35{,}1 \\ \hline \mathfrak{I}_{5c} &= 82{,}5 - j\,68{,}8 \\ I_{5c} &= 107{,}4\ \text{A} \end{aligned}$$

Ermittlung der Strombeträge

$$\begin{aligned} I_{c3} &= \sqrt{23{,}6^2 + 21^2} = \sqrt{997{,}4} \\ &= 31{,}6 \\ I_{5c} &= \sqrt{8{,}25^2 + 68{,}8^2} = \sqrt{11540} \\ &= 107{,}4 \end{aligned}$$

Leitung A–e–c

$$\begin{aligned} \mathfrak{I}_6 &= 18{,}2 - j\,14{,}0 \\ - \mathfrak{I}_d &= \ \ 7{,}6 - j\ \ 0 \\ - \mathfrak{I}_7 &= 18{,}2 - j\,13{,}7 \\ + \mathfrak{I}_8 &= 15{,}2 - j\,14{,}1 \\ \hline \mathfrak{I}_{68} &= 59.2 - j\,41.8 \end{aligned}$$

$$\begin{aligned} \mathfrak{I}_{A6} &= 77{,}6 - j\,58{,}8 \\ - \mathfrak{I}_{68} &= 59{,}2 - j\,41{,}8 \\ \hline \mathfrak{I}_{8e} &= 18{,}4 - j\,17{,}0 \\ I_{8e} &= 25{,}1\ \text{A} \end{aligned}$$

Punkt e

$$\begin{aligned} \mathfrak{I}_e &= 39{,}4 - j\,35{,}7 \\ \mathfrak{I}_{8e} &= 18{,}4 - j\,17{,}0 \\ \hline \mathfrak{I}_{9e} &= 21{,}0 - j\,18{,}7 \\ I_{9e} &= 28{,}1\ \text{A} \end{aligned}$$

Ermittlung der Strombeträge

$$I_{8e} = \sqrt{18{,}4^2 + 17^2} = \sqrt{627{,}6}$$
$$= 25{,}1$$
$$I_{9e} = \sqrt{21^2 + 18{,}7^2} = \sqrt{790{,}7}$$
$$= 28{,}1$$
$$I_{c9} = \sqrt{43{,}8^2 + 34{,}5^2} = \sqrt{3108{,}7}$$
$$= 55{,}8$$

Leitung c—e

$$\dot I_9 = 22{,}8 - j\,15{,}8$$
$$+ \dot I_{9e} = 21{,}0 - j\,18{,}7$$
$$\dot I_{c9} = 43{,}8 - j\,34{,}5$$
$$I_{c9} = 55{,}8 \text{ A}$$

Knotenpunkt c

Zu fließen	Ab fließen
	$\dot I_{c3} = 23{,}6 - j\,21{,}0$
	$+ \dot I_c = 15{,}1 - j\,13{,}3$
	$+ \dot I_{c9} = 43{,}8 - j\,34{,}5$
$\dot I_{5c} = 82{,}5 - j\,68{,}8$	$\dot I_{5c} = 82{,}5 - j\,68{,}8$

Da der zufließende Strom gleich der Summe der abfließenden Ströme ist, ist die Stromverteilung richtig.

6. Berechnung der Spannungsverluste

Abzweigpunkt b

Nach Gl. (61) ist der Spannungsverlust:

$$\Delta U_{St_{Ab}} = \frac{\Sigma (I \cdot l)_{Ab}}{\varkappa \cdot q_{Ab}} = \frac{21\,790 \text{ Am}}{56 \frac{\text{m}}{\Omega \text{ mm}^2} \cdot 70 \text{ mm}^2}$$
$$\Delta U_{St_{Ab}} = \underline{5{,}56 \text{ V}}$$

Summe der Strommomente

$$\text{Strommomente nach 2a} \begin{cases} 380 - j \quad 352 \\ 2\,384 - j \; 1\,932 \\ 8\,385 - j \; 7\,134 \end{cases}$$
$$(23{,}3 - j\,17{,}0)\,250 = 5\,825 - j\; 4\,250$$
$$\Sigma (\dot I \cdot l)_{Ab} = 16\,974 - j\,13\,668$$
$$\Sigma (I \cdot l)_{Ab} = 10^3 \cdot \sqrt{16{,}974^2 + 13{,}66^2}$$
$$= 10^3 \cdot \sqrt{474{,}95}$$
$$= 21\,790 \text{ Am}$$

Abzweigpunkt a

$$\Delta U_{St_{ab}} = \frac{\Sigma (I \cdot l)_{ab}}{\varkappa \cdot q_{ab}} = \frac{1296 \text{ Am}}{56 \frac{\text{m}}{\Omega \text{ mm}^2} \cdot 70 \text{ mm}^2} = \underline{0{,}33 \text{ V}}$$

$$\Delta U_{St_{Aa}} = \Delta U_{St_{Ab}} - \Delta U_{St_{ab}} = 5{,}56 \text{ V} - 0{,}33 \text{ V} = \underline{5{,}23 \text{ V}}$$

Strommoment

$$(23{,}3 - j\,17{,}0) \cdot 45 = 1\,049 - j \quad 765$$
$$\Sigma (I \cdot l)_{ab} = 10^2 \cdot \sqrt{10{,}49^2 + 7{,}65^2}$$
$$= 10^2 \cdot \sqrt{168{,}6}$$
$$= 1296 \text{ Am}$$

Knotenpunkt c

$$\Delta U_{St_{Ac}} = \frac{\Sigma\,(I \cdot l)_{Ac}}{\varkappa \cdot q_{Ac}} = \frac{26\,235\ \text{Am}}{56\ \frac{\text{m}}{\Omega\ \text{mm}^2} \cdot 95\ \text{mm}^2}$$

$$\Delta U_{St_{Ac}} = \underline{4{,}94\ \text{V}}$$

Summe der Strommomente

$$\text{Strommomente nach 2b}\begin{cases} 1\,092 - j\ \ 840 \\ 4\,545 - j\ 3\,165 \end{cases}$$

$$(82{,}5 - j\,68{,}8) \cdot 180 = 14\,850 - j\,12\,384$$

$$\Sigma\,(\dot{I} \cdot l)_{Ac} = 20\,487 - j\,16\,389$$

$$\Sigma\,(I \cdot l)_{Ac} = 10^3 \cdot \sqrt{20{,}487^2 + 16{,}389^2}$$

$$= 10^3 \cdot \sqrt{688{,}31} = 26\,235\ \text{Am}$$

Abzweigpunkt d

$$\Delta U_{St_{Ad}} = \frac{\Sigma\,(I \cdot l)_{Ad}}{\varkappa \cdot q_{Ad}} = \frac{14\,654\ \text{Am}}{56\ \frac{\text{m}}{\Omega\ \text{mm}^2} \cdot 70\ \text{mm}^2}$$

$$\Delta U_{St_{Ad}} = \underline{3{,}74\ \text{V}}$$

Summe der Strommomente

Strommoment nach 2c: $2\,184 - j\ 1\,680$

$$\begin{array}{r} 77{,}6 - j\,58{,}8 \\ -\ 18{,}2 - j\,14{,}0 \\ \hline (59{,}4 - j\,44{,}8) \cdot 160 \end{array} = 9\,504 - j\ 7\,168$$

$$\Sigma\,(\dot{I} \cdot l)_{Ad} = 11\,688 - j\ 8\,848$$

$$(I \cdot l)_{Ad} = 10^3 \cdot \sqrt{11{,}688^2 + 8{,}848^2}$$

$$= 10^3 \cdot \sqrt{214{,}8} = 14\,654\ \text{Am}$$

Abzweigpunkt e

$$\Delta U_{St_{Ae}} = \frac{\Sigma\,(I \cdot l)_{Ae}}{\varkappa \cdot q_{Ae}} = \frac{26\,324\ \text{Am}}{56\ \frac{\text{m}}{\Omega\ \text{mm}^2} \cdot 70\ \text{mm}^2}$$

$$\Delta U_{St_{Ae}} = \underline{6{,}7\ \text{V}}$$

Summe der Strommomente

$$\text{Strommomente nach 2c}\begin{cases} 2\,184 - j\ 1\,680 \\ 1\,216 - j\ \ \ \ \ 0 \\ 5\,096 - j\ 3\,836 \\ 4\,864 - j\ 4\,522 \end{cases}$$

$$(18{,}4 - j\,17{,}0) \cdot 385 = 7\,084 - j\ 6\,545$$

$$\Sigma\,(\dot{I} \cdot l)_{Ae} = 20\,444 - j\,16\,583$$

$$\Sigma\,(I \cdot l)_{Ae} = 10^3 \cdot \sqrt{20{,}44^2 + 16{,}58^2}$$

$$= 10^3 \cdot \sqrt{692{,}95} = 26\,324\ \text{Am}$$

7. **Berechnung der Stichleitungen**

Leitung a—f—g

In Abb. 16f ist diese Leitung wiedergegeben; ihr Spannungsverlust ist:

$$\Delta U_{St_{ag}} = \Delta U_{St} - \Delta U_{St_{Aa}} = 7{,}7\ \text{V} - 5{,}23\ \text{V} = \underline{2{,}47\ \text{V}}$$

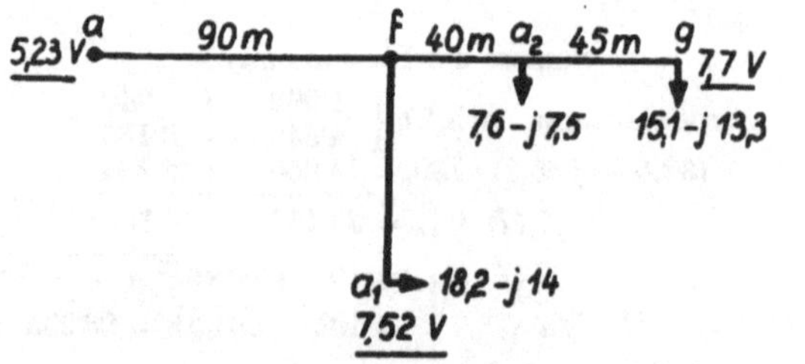

Abb. 16f. Stichleitung $a-f-g$

$$q_{ag} = \frac{\Sigma (I \cdot l)_{ag}}{\varkappa \cdot \Delta U_{ag}} = \frac{6970\ \text{Am}}{56 \frac{\text{m}}{\Omega\ \text{mm}^2} \cdot 2{,}47\ \text{V}} = 50{,}4\ \text{mm}^2$$

Gewählt: $q_{ag} = \underline{\underline{50\ \text{mm}^2}}$

Summe der Strommomente

$$\begin{aligned}
(18{,}2 - j\,14{,}0) \cdot 90 &= 1638 - j\,1260 \\
(7{,}6 - j\,7{,}5) \cdot 130 &= 988 - j\,975 \\
(15{,}1 - j\,13{,}3) \cdot 175 &= 2643 - j\,2328 \\
\Sigma (\dot{I} \cdot l)_{ag} &= 5269 - j\,4563 \\
\Sigma (I \cdot l)_{ag} &= 10^3 \cdot \sqrt{5{,}269^2 + 4{,}563^2} \\
&= 10^3 \cdot \sqrt{48{,}57} = 6970\ \text{Am}
\end{aligned}$$

Für die Zuleitung des Verbrauchers a_1 ist der Spannungsverlust:

$$\Delta U_{St_{af}} = \frac{\Sigma (I \cdot l)_a}{\varkappa \cdot q_{af}} = \frac{4833\ \text{Am}}{56 \frac{\text{m}}{\Omega\ \text{mm}^2} \cdot 50\ \text{mm}^2} = \underline{1{,}72\ \text{V}}$$

Strommoment

$$\begin{aligned}
(40{,}9 - j\,34{,}8) \cdot 90 &= 3681 - j\,3132 \\
\Sigma (I \cdot l)_{af} &= 10^2 \cdot \sqrt{36{,}81^2 + 31{,}32^2} \\
&= 10^2 \cdot \sqrt{2335{,}94} \\
&= 4833\ \text{Am}
\end{aligned}$$

$$\Delta U_{St_{fa_1}} = \Delta U_{St_{ag}} - \Delta U_{St_{af}} = 2{,}47\ \text{V} - 1{,}72\ \text{V} = \underline{0{,}75\ \text{V}}$$

$$q_{fa_1} = \frac{I_{fa_1} \cdot l_{fa_1}}{\varkappa \cdot \Delta U_{St_{fa_1}}} = \frac{1607\ \text{Am}}{56 \frac{\text{m}}{\Omega\ \text{mm}^2} \cdot 0{,}75\ \text{V}} = \underline{38{,}3\ \text{mm}^2}$$

Strommoment

$$(18{,}2 - j\,14) \cdot 70 = 1274 - j\,980$$

$$I_{fa_1} \cdot l_{fa_1} = 10^2 \cdot \sqrt{12{,}74^2 + 9{,}8^2}$$
$$= 10^2 \cdot \sqrt{258{,}38}$$
$$= 1607 \text{ Am}$$

Der Querschnitt wird zu 50 mm² gewählt, da dann am Abzweigmast f Mastsicherungen vermieden werden können.

Spannungsverluste:

$$\Delta U_{St_{fa_1}} = \frac{1607 \text{ Am}}{56 \frac{\text{m}}{\Omega \text{ mm}^2} \cdot 50 \text{ mm}^2} = \underline{0{,}57 \text{ V}}$$

$$\Delta U_{St_{Aa_1}} = \Delta U_{St_{Aa}} + \Delta U_{St_{af}} + \Delta U_{St_{fa_1}} = 5{,}23 \text{ V} + 1{,}72 \text{ V} + 0{,}57 \text{ V} = \underline{\underline{7{,}52 \text{ V}}}$$

$$\Delta U_{St_{Ag}} = \Delta U_{St_{Aa}} + \Delta U_{St_{ag}} = 5{,}23 \text{ V} + 2{,}47 \text{ V} = \underline{\underline{7{,}7 \text{ V}}}$$

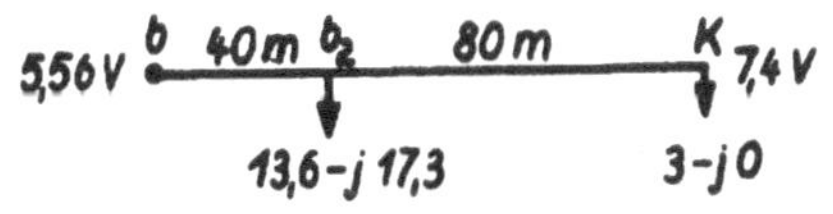

Abb. 16g. Stichleitung $b-k$

Leitung b – k

Der zulässige Spannungsverlust dieser Stichleitung ist:

$$\Delta U_{St_{bk}} = \Delta U_{St} - \Delta U_{St_{Ab}} = 7{,}7 \text{ V} - 5{,}56 \text{ V} = 2{,}14 \text{ V}$$

Für die kleine Belastung der Leitung wird der kleinstzulässige Cu-Querschnitt für Freileitungen:

$$\underline{\underline{q_{bk} = 10 \text{ mm}^2}}$$

angenommen. Der Spannungsverlust ist dann:

$$\Delta U_{St_{bk}} = \frac{\Sigma (I \cdot l)_{bk}}{\varkappa \cdot q_{bk}} = \frac{1029 \text{ Am}}{56 \frac{\text{m}}{\Omega \text{ mm}^2} \cdot 10 \text{ mm}^2}$$

$$\Delta U_{St_{bk}} = \underline{1{,}84 \text{ V}}$$

Summe der Strommomente

$$(13{,}6 - j\,12{,}3) \cdot 40 = 544 - j\,492$$
$$(\;3{,}0 - j\;\;0\;) \cdot 120 = \underline{360 - j\;\;0}$$
$$\Sigma (\dot{I} \cdot l)_{bk} = 904 - j\,492$$
$$= 10^2 \cdot \sqrt{9{,}04^2 + 4{,}92^2}$$
$$(I \cdot l)_{bk} = 10^2 \cdot \sqrt{105{,}93}$$
$$= 1029 \text{ Am}$$

Da 2,14 V zulässig sind, reicht der gewählte Querschnitt aus.

$$\Delta U_{St_{Ak}} = \Delta U_{St_{Ab}} + \Delta U_{St_{bk}} = 5{,}56 \text{ V} + 1{,}84 \text{ V} = \underline{\underline{7{,}4 \text{ V}}}$$

Leitung d–m

Für den Lichtanschluß in m wird ein Cu-Querschnitt von:

$$\underline{\underline{q_{dm} = 10\ \text{mm}^2}}$$

gewählt. Dann wird der Spannungsverlust:

$$\Delta U_{St\,dm} = \frac{I_d \cdot l_{dm}}{\varkappa \cdot q_{dm}} = \frac{7{,}6\ \text{A} \cdot 75\ \text{m}}{56\ \frac{\text{m}}{\Omega\ \text{mm}^2} \cdot 10\ \text{mm}^2} = \underline{1{,}02\ \text{V}}$$

$$\Delta U_{St\,Am} = \Delta U_{St\,Ad} + \Delta U_{St\,dm} = 3{,}74\ \text{V} + 1{,}02\ \text{V} = \underline{\underline{4{,}76\ \text{V}}}$$

Leitung e–n

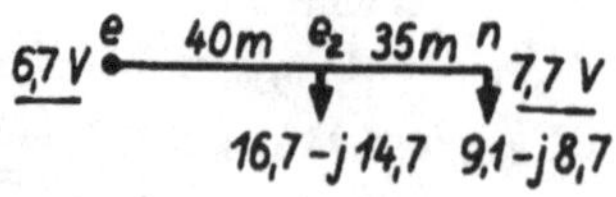

Abb. 16h. Stichleitung e–n

Spannungsverlust:

$$\Delta U_{St_{en}} = \Delta U_{St} - \Delta U_{St_{Ae}} = 7{,}7\ \text{V} - 6{,}7\ \text{V} = \underline{1{,}0\ \text{V}}$$

$$q_{en} = \frac{\Sigma (I \cdot l)_{en}}{\varkappa \cdot \Delta U_{St_{en}}} = \frac{1960\ \text{Am}}{56\ \frac{\text{m}}{\Omega\ \text{mm}^2} \cdot 1\ \text{V}} = 35{,}0\ \text{mm}^2$$

Gewählt: $\underline{\underline{q_{en} = 35\ \text{mm}^2\ \text{Cu}}}$

Summe der Strommomente

$$(16{,}7 - j\,14{,}7) \cdot 40 = 668 - j\,588$$
$$(\ 9{,}1 - j\ \ 8{,}7) \cdot 85 = 774 - j\,740$$
$$\Sigma (\underline{I} \cdot l)_{en} = 1412 - j\,1328$$
$$\Sigma (I \cdot l)_{en} = 10^2 \cdot \sqrt{14{,}42^2 + 13{,}28^2}$$
$$= 10^2 \cdot \sqrt{384{,}42} = 1960\ \text{Am}$$

Der Spannungsverlust ist bei diesem Querschnitt:

$$\Delta U_{en} = 1{,}0\ \text{V}$$
$$\Delta U_{St_{An}} = \Delta U_{St_{Ae}} + \Delta U_{St_{en}} = 6{,}7\ \text{V} + 1{,}0\ \text{V} = \underline{\underline{7{,}7\ \text{V}}}$$

Alle gewählten Querschnitte reichen in bezug auf die Spannung aus, da an keiner Stelle des Netzes ein größerer Spannungsverlust als der zugelassene von 7,7 V auftritt.

8. Prüfung auf Erwärmung

Aus Abb. 16e ergeben sich die tatsächlichen Speiseströme als die größte Belastung der Leitungsstränge zu:

$$\underline{I}_{A1} = 102{,}1 - j\,84{,}3 \qquad I_{A1} = 10 \cdot \sqrt{10{,}21^2 + 8{,}43^2}$$
$$I_{A1} = \underline{132{,}4\ \text{A}} \qquad = 10 \cdot \sqrt{175{,}3} = 132{,}4$$

Nach Spalte 2 der Tafel 9, Teil 1, S. 48 zulässig für 70 mm² Cu: $\underline{232\ \text{A}}$

$$\dot{I}_{A4} = 131{,}2 - j\,104{,}0 \qquad I_{A4} = 10 \cdot \sqrt{13{,}12^2 + 10{,}4^2}$$

$$I_{A4} = \underline{167{,}4\ \mathrm{A}} \qquad = 10 \cdot \sqrt{280{,}32} = 167{,}4$$

Nach Spalte 2 der Tafel 9, Teil 1, S. 48 zulässig für 95 mm² Cu: $\underline{357\ \mathrm{A}}$

Die gewählten Querschnitte sind ausreichend. Das gleiche gilt für den Querschnitt der Leitung A—e—c, deren Belastung kleiner ist als die der Leitung A—a—c und für die Querschnitte der schwach belasteten Stichleitungen.

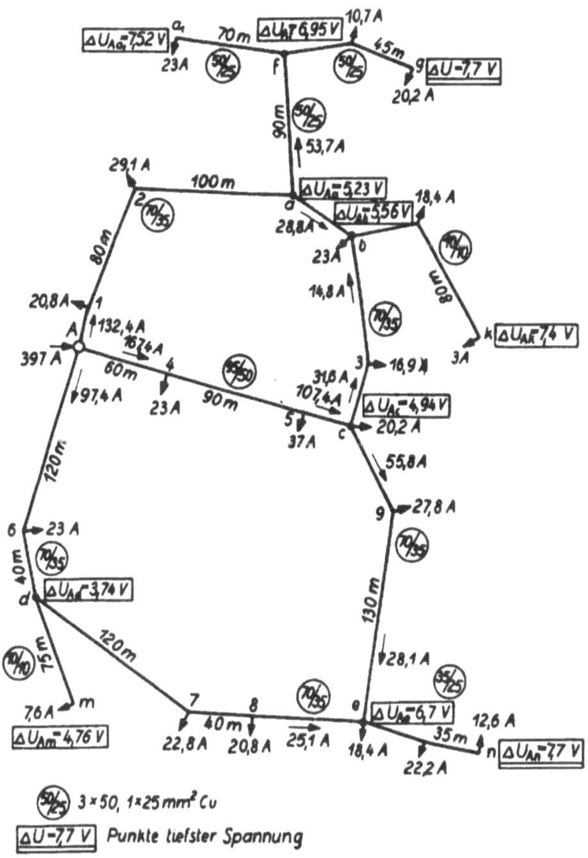

Abb. 16i. Ortsnetz mit allen errechneten Werten

Zur besseren Übersicht sind zum Schluß in Abb. 16i alle errechneten Querschnitte und Spannungsverluste eingetragen.

3. Berechnung der Induktivität von Leitungen

Das jeden vom Wechselstrom durchflossenen Leiter umgebende magnetische Wechselfeld induziert elektromotorische Kräfte, EMKe, durch die ein induktiver Spannungsverlust hervorgerufen wird. Um diesen bestimmen zu können, muß die Induktivität L der Leiteranlage bestimmt werden.

a) Induktivität von Freileitungen

Ableitung der Grundgleichungen

Nach der Lehre vom magnetischen Feld ist die Feldstärke eines Leiters:

$$H^{*}) = \frac{i \cdot w}{l} \tag{63}$$

Für einen Punkt P_x im Abstand r_x außerhalb des Leiters (Abb. 17) ist die Länge der durch den Punkt gehenden Feldlinie:

$$l = 2 \cdot \pi \cdot r_x$$

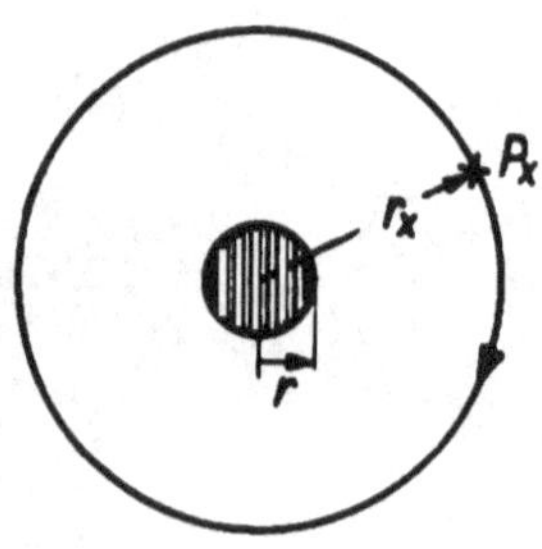

Abb. 17. Feldlinienbild um einen Leiter

Für eine Windung, $w = 1$, die ein Leiter darstellt, ist dann:

$$H_a = \frac{i}{2 \cdot \pi \cdot r_x} \tag{64}$$

Die magnetische Induktion, die Feldliniendichte, die der Strom i erzeugt, ist:

$$B_a = \mu_r \cdot \mu_0 \cdot H_a$$

in Luft ist die relative Permeabilität $\mu_r = 1$:

$$B_a = \mu_0 \cdot H_a$$

und mit H_a nach Gl. (64):

---

*) Da es sich bei der Berechnung von L um die Zahlenbeträge handelt, sind für die Vektoren $\mathfrak{H}$ und $\mathfrak{B}$ der Feldstärke und der Feldliniendichte die Formelzeichen H bzw. B gesetzt.

$$B_a = \frac{\mu_0}{2 \cdot \pi} \frac{i}{r_x}$$

Setzt man den Wert der Induktionskonstanten

$$\mu_0 = 1{,}256 \cdot 10^{-8} \left[\frac{\mathrm{Vs}}{\mathrm{A\,cm}}\right]$$

ein, so wird die Feldliniendichte außerhalb des Leiters:

$$B_a = \frac{1{,}256}{2 \cdot \pi} \cdot 10^{-8} \cdot \frac{i}{r_x} \left[\frac{\mathrm{Vs}}{\mathrm{Acm}} \frac{\mathrm{A}}{\mathrm{cm}}\right]$$

$$B_a = 0{,}2 \cdot \frac{i}{r_x} \cdot 10^{-8} = 2 \cdot \frac{i}{r_x} \cdot 10^{-9} \left[\frac{\mathrm{Vs}}{\mathrm{cm}^2}\right] \tag{65}$$

Für einen Punkt P_x im Innern des Leiters (Abb. 18) im Abstand r_x ist:

$$B_i = 2 \cdot \frac{i_x}{r_x} \cdot 10^{-9}$$

An der Entstehung dieser Feldliniendichte ist nicht der ganze Strom des Leiters i, sondern nur ein Anteil i_x beteiligt. Es verhält sich:

$$\frac{i_x}{i} = \frac{\pi \cdot r_x}{\pi \cdot r^2} = \frac{r_x^2}{r^2}$$

also:

$$i_x = \frac{r_x^2}{r^2} i \tag{66}$$

Wird dieser Wert eingesetzt, so ergibt sich die Feldliniendichte innerhalb eines Leiters:

$$B_i = 2 \cdot \frac{r_x^2}{r_x \cdot r^2} \cdot i \cdot 10^{-9}$$

$$B_i = 2 \cdot \frac{r_x}{r^2} \cdot i \cdot 10^{-9} \left[\frac{\mathrm{Vs}}{\mathrm{cm}^2}\right] \tag{67}$$

Der mit dem Leiter verkettete magnetische Fluß, der eine Fläche von der Dicke dr_x und der Länge $l = 1$ km $= 10^5$ cm durchsetzt, ist allgemein:

$$\Phi = B \cdot l \cdot dr_x = B \cdot 10^5 \cdot dr_x \left[\frac{\mathrm{Vs}}{\mathrm{cm}^2} \mathrm{cm} \cdot \mathrm{cm} = \mathrm{Vs}\right]$$

Innerhalb des Leiters (Abb. 18) ist der magnetische Fluß:

$$\Phi_i = B_i \cdot 10^5 \cdot dr_x \; [\mathrm{Vs}]$$

Wird hierin der Wert von B_i nach Gl. (67) eingesetzt, so ist:

$$\Phi_i = 2 \cdot \frac{r_x}{r^2} \cdot i' \cdot 10^{-9} \cdot 10^5 \, dr_x = 2 \cdot \frac{r_x}{r^2} \cdot i' \cdot 10^{-4} \cdot dr_x$$

Dieser Fluß ist nicht mit dem gesamten Strom i des Leiters verkettet, sondern nur mit einem Anteil, der dem Radius r_x entspricht:

$$i' = \frac{r_x^2}{r^2} \cdot i$$

Daher wird der mit dem gesamten Strom i des Leiters verkettete Fluß im Innern des Leiters im Punkte P_x:

$$\Phi_i = 2 \cdot \frac{r_x}{r^2} \frac{r_x^2}{r^2} \cdot i \cdot 10^{-4}\, dr_x$$

$$= 2 \cdot \frac{r_x^3}{r^4} \cdot i \cdot 10^{-4} \cdot dr_x \text{ [Vs]} \tag{68}$$

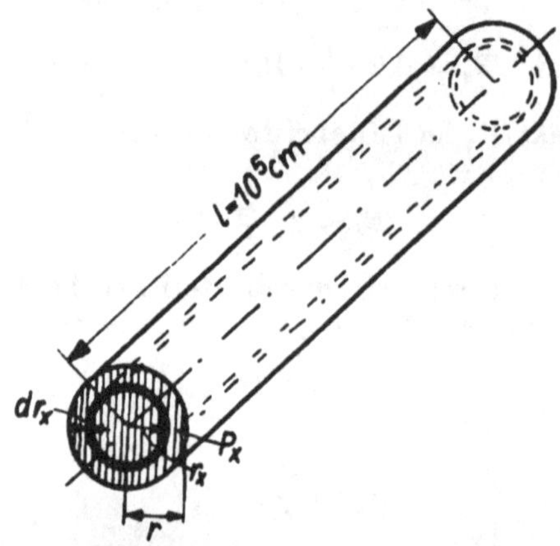

Abb. 18. Verkettung innerhalb des Leiters

Die gesamte Verkettung des Leiters im Inneren erhält man durch Integration zwischen den Grenzen $r_x = 0$ bis $r_x = r$

$$\Phi_i = \int_{r_x=0}^{r_x=r} 2 \cdot \frac{r_x^3}{r^4} \cdot i \cdot 10^{-4} \cdot dr_x = 2 \cdot \frac{i}{r^4} \cdot 10^{-4} \int_{r_x=0}^{r_x=r} r_x^3 \cdot dr_x$$

Integriert ergibt sich die Verkettung innerhalb des Leiters:

$$\Phi_i = \frac{1}{2} \cdot i \cdot 10^{-4} \text{ [Vs]} \tag{69}$$

Außerhalb des Leiters in einem Abstand r_x (Abb. 19) wird der Fluß:

$$\Phi_a = B_a \cdot 10^5 \cdot dr_x \text{ [Vs]}$$

Mit Gl. (65):

$$\Phi_a = 2 \cdot \frac{i}{r_x} \cdot 10^{-9} \cdot 10^5 \cdot dr_x = 2 \cdot \frac{i}{r_x} \cdot 10^{-4} \cdot dr_x$$

Die gesamte Verkettung außerhalb des Leiters ergibt sich durch Integration zwischen $r_x = r$ und $r_x = R$:

$$\Phi_a = \int_{r_x=r}^{r_x=R} 2 \cdot \frac{i}{r_x} \cdot 10^{-4} \cdot dr_x = 2 \cdot i \cdot 10^{-4} \int_{r_x=r}^{r_x=R} \frac{dr_x}{r_x}$$

Integriert:
$$\Phi_a = 2 \cdot i \cdot 10^{-4} \cdot \ln\left(\frac{R}{r}\right) \text{ [Vs]} \tag{70}$$

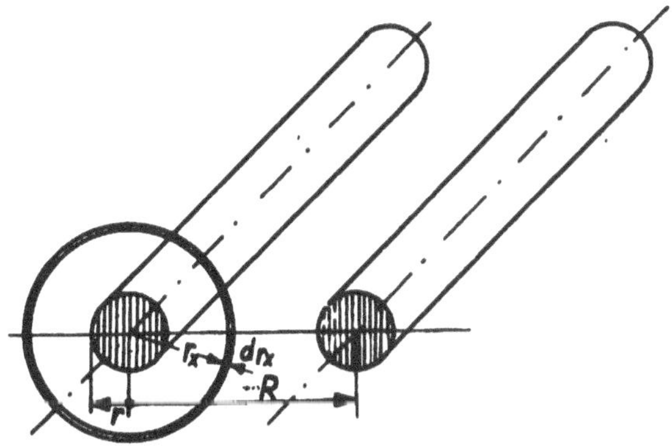

Abb. 19. Verkettung außerhalb des Leiters

Der gesamte Fluß, der mit dem Strom i innerhalb und außerhalb des Leiters verkettet ist, ergibt sich als Summe aus den Gl. (69) und (70):

$$\Phi_1 = \Phi_i + \Phi_a = \frac{1}{2} \cdot i \cdot 10^{-4} + 2 \cdot i \cdot 10^{-4} \cdot \ln\left(\frac{R}{r}\right)$$

$$\Phi_1 = i \cdot \left[\frac{1}{2} + 2 \ln\left(\frac{R}{r}\right)\right] \cdot 10^{-4} \text{ [Vs]} \tag{71}$$

Da bei jedem elektrischen Stromkreis mindestens ein Rückleiter vorhanden sein muß, werden die in ihm durch das Wechselfeld des Rückleiters erzeugten Feldlinien auch mit dem Hinleiter verkettet sein. In Abb. 20 sind zwei Leiter, 1 und 2, dargestellt, die Hin- und Rückleitung eines Einphasenstromes bilden. Als positive Stromrichtung soll die in die Bildebene hineintretende gelten, also die des Leiters 2. Aus der Abbildung ist zu ersehen, daß die im Abstand $r = d_{12}$ verlaufenden Feldlinien des Leiters 2 (gestrichelt gezeichnet) mit dem Leiter 1 verkettet sind. Der Flußanteil des Leiters 2, der mit Leiter 1 verkettet ist, wird nach Gl. (70), für r der Abstand d_{12} der Leiter eingesetzt:

$$\Phi_2 = 2 \cdot i_2 \cdot 10^{-4} \cdot \ln\left(\frac{R}{d_{12}}\right)$$

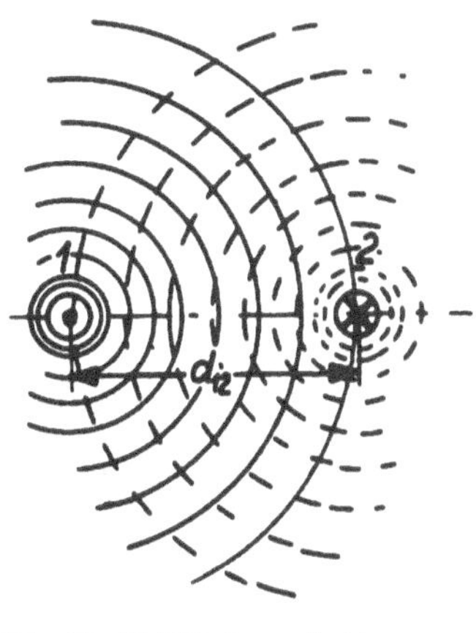

Abb. 20. Feldlinienverkettung zweier Leiter

Die gesamte Verkettung des Leiters 1 ist somit:

$$\Phi = \Phi_1 + \Phi_2 = i_1 \cdot \left[\frac{1}{2} + 2 \ln\left(\frac{R}{r}\right)\right] \cdot 10^{-4} + 2 \cdot i_2 \cdot 10^{-4} \ln\left(\frac{R}{d_{12}}\right)$$

etwas umgeformt:

$$\Phi = \left[\frac{i_1}{2} + 2 \cdot i_1 \cdot \ln R - 2 \cdot i_1 \cdot \ln r + 2 \cdot i_2 \cdot \ln R - 2 \cdot i_2 \cdot \ln d_{12}\right] \cdot 10^{-4}$$

$$\Phi = \left\{2 \cdot (i_i + i_2) \cdot \ln R + i_1 \cdot \left[\frac{1}{2} + 2 \cdot \ln\left(\frac{1}{r_1}\right)\right] + 2 \cdot i_2 \cdot \ln\left(\frac{1}{d_{12}}\right)\right\} 10^{-4}$$

Da, wie die Stromrichtungen in Abb. 20 zeigen:

$$i_2 = -i_1 \tag{72}$$

ist, wird die erste runde Klammer gleich Null. Die gesamte Verkettung ist dann endgültig:

$$\Phi = i_1 \cdot \left[0{,}5 + 2 \cdot \ln\left(\frac{1}{r_1}\right)\right] \cdot 10^{-4} + 2 \cdot i_2 \cdot \ln\left(\frac{1}{d_{12}}\right) \left[\frac{\text{Vs}}{\text{km}}\right] \tag{73}$$

Als Abkürzungen werden gesetzt:

$$\left.\begin{aligned} f_{11} &= \left[0{,}5 + 2 \cdot \ln\left(\frac{1}{r_1}\right)\right] \cdot 10^{-4} \\ f_{12} &= 2 \cdot \ln\left(\frac{1}{d_{12}}\right) \cdot 10^{-4} \end{aligned}\right\} \tag{74}$$

Diese Abkürzungen werden nach Buchhold [1] Feldkoeffizienten genannt. Mit ihnen wird die Gesamtverkettung des Leiters 1:

$$\Phi = i_1 \cdot f_{11} + i_2 \cdot f_{12} \left[\frac{\text{Vs}}{\text{km}}\right] \tag{75}$$

Diese Gleichung gilt, entsprechend erweitert, auch für Leitersysteme mit mehr als 2 Leitern, so vor allem für das wichtige Drehstromsystem mit 3 Leitern. Die Feldkoeffizienten für dieses System sind sinngemäß:

$$\left.\begin{aligned} f_{11} &= \left[0{,}5 + 2 \cdot \ln\left(\frac{1}{r_1}\right)\right] \cdot 10^{-4} & f_{12} &= 2 \cdot 10^{-4} \cdot \ln\left(\frac{1}{d_{12}}\right) \\ f_{22} &= \left[0{,}5 + 2 \cdot \ln\left(\frac{1}{r_2}\right)\right] \cdot 10^{-4} & f_{23} &= 2 \cdot 10^{-4} \cdot \ln\left(\frac{1}{d_{23}}\right) \\ f_{33} &= \left[0{,}5 + 2 \cdot \ln\left(\frac{1}{r_3}\right)\right] \cdot 10^{-4} & f_{31} &= 2 \cdot 10^{-4} \cdot \ln\left(\frac{1}{d_{31}}\right) \end{aligned}\right\} \tag{76}$$

und die Verkettungen der drei Leiter:

$$\left.\begin{aligned} \Phi_1 &= i_1 \cdot f_{11} + i_2 \cdot f_{12} + i_3 \cdot f_{13} \left[\frac{\text{Vs}}{\text{km}}\right] \\ \Phi_2 &= i_1 \cdot f_{21} + i_2 \cdot f_{22} + i_3 \cdot f_{23} \left[\frac{\text{Vs}}{\text{km}}\right] \\ \Phi_3 &= i_1 \cdot f_{31} + i_2 \cdot f_{32} + i_3 \cdot f_{33} \left[\frac{\text{Vs}}{\text{km}}\right] \end{aligned}\right\} \tag{77}$$

Diese Grundgleichungen gestatten es, die Induktivitäten der verschiedenen Leitersysteme zu berechnen.

Einphasenleitungen

Die Verkettung des Leiters 1 ist nach Gl. (75)

$$\Phi_1 = i_1 \cdot f_{11} + i_2 \cdot f_{12}$$

Setzt man darin, wie in Gl. (72) angegeben, $i_2 = -i_1$ und die Werte der Feldkoeffizienten, so ist:

$$\Phi_1 = i_1 \left[0{,}5 + 2 \ln\left(\frac{1}{r_1}\right)\right] \cdot 10^{-4} - i_1 \cdot 2 \cdot 10^{-4} \cdot \ln\left(\frac{1}{d_{12}}\right)$$

$$\Phi_1 = i_i \left[0{,}5 + 2 \ln\left(\frac{d_{12}}{r_1}\right)\right] \cdot 10^{-4} \left[\frac{\mathrm{Vs}}{\mathrm{km}}\right] \tag{78}$$

Nach der Lehre des magnetischen Feldes ist der Fluß:

$$\Phi = i \cdot L \;[\mathrm{Vs}] \tag{79}$$

also die Induktivität:

$$L = \frac{\Phi}{i} \left[\frac{\mathrm{Vs}}{\mathrm{A}} = \mathrm{H}\right] \tag{79a}$$

Wendet man diese Gleichung auf die Gl. (78), so ergibt sich die Induktivität eines Leiters:

$$L = \left[0{,}5 + 2 \ln\left(\frac{d_{12}}{r_1}\right)\right] \cdot 10^{-4} \left[\frac{\mathrm{H}}{\mathrm{km}}\right] \tag{80}$$

Da bei der Einphasenleitung nur der eine Abstand d vorhanden ist und die beiden Leiterradien gleich gewählt werden:

$$L = \left[0{,}5 + 2 \cdot \ln\left(\frac{d}{r}\right)\right] \cdot 10^{-4} \left[\frac{\mathrm{H}}{\mathrm{km}}\right] \tag{81}$$

Für Hin- und Rückleitung also:

$$L_B = 2 \cdot \left[0{,}5 + 2 \cdot \ln\left(\frac{d}{r}\right)\right] \cdot 10^{-4} \left[\frac{\mathrm{H}}{\mathrm{km}}\right] \tag{82}$$

Da dieser Wert die gesamte während des Betriebes auftretende gegenseitige Beeinflussung beider Leiter durch ihre Wechselfelder enthält, bezeichnet man ihn als

Betriebsinduktivität L_B

Beispiel 6

Wie groß ist die Betriebsinduktivität einer Einphasen-Freileitung mit einem Al-Querschnitt von 150 mm², deren Leiter einen Abstand von 2,6 m besitzen?

Lösung:

Nach Tafel 5, Spalte 3, Teil 1, S. 16 hat ein Al-Querschnitt von 150 mm² einen Durchmesser von 15,8 mm, also einen Radius

$$r = 7{,}9 \text{ mm} = 0{,}79 \text{ cm}$$

Die Betriebsinduktion der Leitung nach Gl. (82) ist:

$$L_B = 2 \cdot \left[0{,}5 + 2 \cdot \ln\left(\frac{d}{r}\right)\right] \cdot 10^{-4} = 2 \cdot \left[0{,}5 + 2 \cdot \ln\left(\frac{260}{0{,}79}\right)\right] \cdot 10^{-4}$$

$$= 2 \cdot [0{,}5 + 2 \cdot \ln 329] \cdot 10^{-4} = 2 \cdot [0{,}5 + 2 \cdot 5{,}796] \cdot 10^{-4}$$

$$= 24{,}184 \cdot 10^{-4}$$

$$\underline{L_B = 24{,}18 \cdot 10^{-4} \left[\frac{\mathrm{H}}{\mathrm{km}}\right]}$$

Symmetrisch aufgehängte Drehstrom-Einfachleitungen

Sind die drei Leiter eines Drehstromsystems an den Eckpunkten eines gleichseitigen Dreiecks aufgehängt, wie die Mastkopfbilder Abb. 8a und 8b Teil 1 zeigen, so sind die gegenseitigen Abstände der Leiter einander gleich:

$$d_{12} = d_{23} = d_{31} = d \tag{83}$$

Die Verkettung des Leiters 1 ist nach Gl. (77):

$$\Phi_1 = i_1 \cdot f_{11} - i_2 \cdot f_{12} - i_3 \cdot f_{13}$$

Die Werte der Feldkoeffizienten eingesetzt, unter Berücksichtigung, daß $f_{12} = f_{23}$:

$$\Phi_1 = i_1 \left[0{,}5 + 2 \cdot \ln\left(\frac{1}{r_1}\right)\right] \cdot 10^{-4} + (i_2 + i_3) \cdot 2 \cdot \ln\left(\frac{1}{d}\right) \cdot 10^{-4}$$

Bei jedem Drehstromsystem ist:

$$i_1 + i_2 + i_3 = 0 \tag{84}$$

also:

$$i_2 + i_3 = -i_1 \tag{84a}$$

Damit wird der Fluß des Leiters 1:

$$\begin{aligned}\Phi_1 &= i_1 \left[0{,}5 + 2 \cdot \ln\left(\frac{1}{r_1}\right)\right] - i_1 \cdot 2 \ln\left(\frac{1}{d}\right) \cdot 10^{-4}\\ &= i_1 \left\{0{,}5 + 2\left[\ln\left(\frac{1}{r_1}\right) - \ln\left(\frac{1}{d}\right)\right]\right\} 10^{-4} = i_1 \left[0{,}5 + 2 \cdot \ln\left(\frac{d}{r_1}\right)\right] \cdot 10^{-4}\end{aligned}$$

Da die Durchmesser der drei Leiterseile gleich sind:

$$r_1 = r_2 = r_3 = r \tag{85}$$

ergibt sich die gesamte Verkettung, der gesamte Fluß zu:

$$\Phi = i_1 \cdot \left[0{,}5 + 2 \cdot \ln\left(\frac{d}{r}\right)\right] \cdot 10^{-4} \left[\frac{\text{Vs}}{\text{km}}\right] \tag{86}$$

Mit Hilfe der Gl. (79a) erhält man daraus die Betriebsinduktivität einer symmetrisch aufgehängten Drehstromleitung:

$$L_B = \left[0{,}5 + 2 \cdot \ln\left(\frac{d}{r}\right)\right] \cdot 10^{-4} \left[\frac{\text{H}}{\text{km}}\right] \tag{87}$$

Beispiel 7

Welche Betriebsinduktivität besitzt eine Drehstromleitung, deren drei Kupferseile von 50 mm² Querschnitt im Abstand von je 60 cm an den Ecken eines gleichseitigen Dreiecks aufgehängt sind?

Lösung:

Nach Tafel 5, Spalte 3, Teil 1, S. 16 hat ein Kupferseil von 50 mm² Querschnitt einen Durchmesser von 9 mm, also ist der Radius

$$r = 4{,}5 \text{ mm} = 0{,}45 \text{ cm}$$

Nach Gl. (87) ist die Betriebsinduktivität:

$$\begin{aligned}L_B &= \left[0{,}5 + 2 \cdot \ln\left(\frac{d}{r}\right)\right] \cdot 10^{-4} = \left[0{,}5 + 2 \cdot \ln \frac{60}{0{,}45}\right] \cdot 10^{-4}\\ &= [0{,}5 + 2 \cdot \ln 133{,}3] \cdot 10^{-4} = [0{,}5 + 2 \cdot 4{,}893] \cdot 10^{-4}\\ &= 10{,}29 \cdot 10^{-4}\end{aligned}$$

$$\underline{L_B = 1{,}03 \cdot 0^{-3} \frac{\text{H}}{\text{km}}}$$

Unsymmetrisch aufgehängte Drehstrom-Einfachleitungen

Wie eine Betrachtung der verschiedenen Mastkopfbilder (Abb. 8c...e, Teil 1) zeigt, ist es bei diesen nicht möglich, die Leitungen symmetrisch an den Eckpunkten eines gleichseitigen Dreiecks aufzuhängen. Dadurch werden die Induktivitäten der einzelnen Stränge und damit ihre induktiven Spannungsabfälle verschieden groß. Diese Spannungsunterschiede hätten Ausgleichströme innerhalb des Leitungssystems zur Folge. Um diese aus betrieblichen Gründen höchst unerwünschte Unsymmetrie zu vermeiden, verdrillt man die Leitungen. Darunter versteht man die Vertauschung der einzelnen Leiter am Gestänge so, daß mindestens einmal auf die gesamte Leitungslänge jeder Leiter an allen drei Stellen im Mastkopfbild aufgehängt ist. Nach den VDE-Vorschriften soll die Länge einer vollen Verdrillung betragen:

bei dreieckiger Anordnung	80 km
bei anderer Anordnung	40 km
in vermaschten Netzen	30 km

Die Verdrillung wird in diesen Abständen an besonderen Verdrillungsmasten, die stets als Abspannmasten ausgeführt werden müssen, vorgenommen. Bei Hochspannungsleitungen müssen häufig durch besondere Isolatoren die Verdrillungsbügel von einem zum anderen Leiterstrang abgestützt werden, damit sie nicht bei Sturm gegeneinander oder gegen die Masten schlagen können. Die Verdrillung erhöht die Baukosten der Leitung nicht unerheblich. Hierauf ist bei der Festlegung des Mastkopfbildes Rücksicht zu nehmen.

In Abb. 21 ist eine solche Verdrillung für ein Mastkopfbild nach Abb. 8d, Teil 1, dargestellt, wobei in Abb. 21a die Leitungen der drei Stränge durch verschiedene Stricharten unterschieden sind. In Abb. 21b ist die Beeinflussung des Stranges 1 durch den Strom im Strang 2 angedeutet. Man ersieht daraus, daß der Ab-

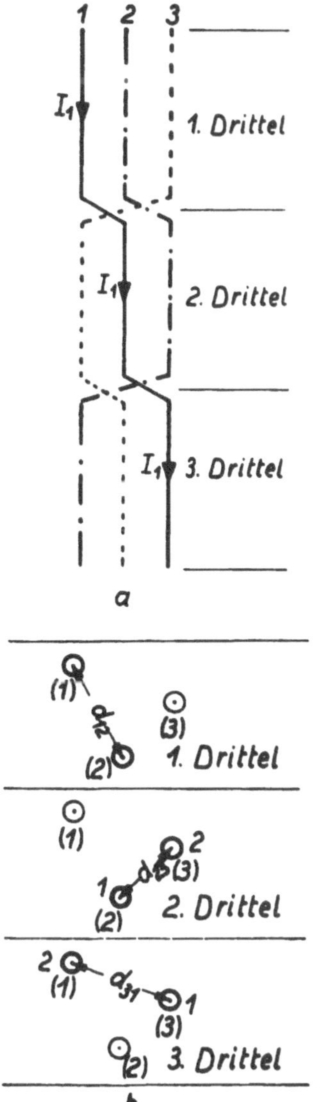

Abb. 21. Verdrillung einer unsymmetrischen Drehstrom-Einfachleitung. *a* Anordnung der Verdrillung; *b* Beeinflussung des Leiters 1 durch den Strom i_2 in den verschiedenen Lagen der Verdrillung

stand des Leiters 2 von Leiter 1 und damit sein Feldkoeffizient im Laufe der vollen Verdrillung alle drei möglichen Werte d_{12}, d_{23} und d_{31} annimmt. Das gleiche gilt für die Verkettung des Leiters 1 mit den durch den Strom i_3 erzeugten Feldlinien. Daher muß zur Berechnung der Induktivität das algebraische Mittel aus den drei Feldkoeffizienten eingesetzt werden. Damit ergibt sich die gesamte Verkettung aus der Grundgleichung (77):

$$\Phi_1 = i_1 \cdot f_{11} + i_2 \cdot \frac{f_{12} + f_{23} + f_{31}}{3} + i_3 \frac{f_{12} + f_{23} + f_{31}}{3} \tag{88}$$

$$\Phi_1 = i_1 \cdot f_{11} + (i_2 + i_3) \cdot \frac{f_{12} + f_{23} + f_{31}}{3} \tag{88a}$$

Setzt man die Werte für die Feldkoeffizienten nach Gl. (76) ein und ersetzt die Stromsumme im zweiten Glied nach Gl. (84a), so wird:

$$\Phi_1 = i_1 \cdot \left[0{,}5 + 2 \ln\left(\frac{1}{r}\right)\right] \cdot 10^{-4} - i_1 \cdot 2 \cdot \frac{1}{3}\left[\ln\left(\frac{1}{d_{12}}\right) + \ln\left(\frac{1}{d_{23}}\right) + \ln\left(\frac{1}{d_{31}}\right)\right] \cdot 10^{-4}$$

$$\Phi_1 = i_1 \cdot \left[0{,}5 + 2 \cdot \ln\left(\frac{\sqrt[3]{d_{12} \cdot d_{23} \cdot d_{31}}}{r}\right)\right] \cdot 10^{-4} \tag{89}$$

Für das geometrische Mittel der drei Abstände wird gesetzt:

$$d_m = \sqrt[3]{d_{12} \cdot d_{23} \cdot d_{31}} \tag{90}$$

Mit diesem Wert und der Gl. (79a) erhält man aus Gl. (89) die Betriebsinduktivität einer verdrillten Einfachleitung:

$$L_B = \left[0{,}5 + 2 \cdot \ln\left(\frac{d_m}{r}\right)\right] \cdot 10^{-4} \left[\frac{\mathrm{H}}{\mathrm{km}}\right] \tag{91}$$

den gleichen Wert wie für die symmetrische Leitung Gl. (87), nur für den Abstand d den Mittelwert d_m gesetzt.

Beispiel 8

Die Betriebsinduktivität einer verdrillten Hochspannungsleitung, bestehend aus drei in einem Abstand von je 1,35 m waagerecht nebeneinander nach Abb. 22 aufgehängten Aldreyseilen von je 95 mm² Querschnitt, ist zu berechnen!

Lösung:

Nach Tafel 5, Spalte 3, Teil 1, S. 16 ist der Durchmesser eines Aldreyseils von 95 mm² Querschnitt 12,5 mm also:

$$r = 0{,}625 \text{ cm}$$

Der mittlere Abstand berechnet sich nach Gl. (90):

$$d_m = \sqrt[3]{d_{12} \cdot d_{23} \cdot d_{31}} = \sqrt[3]{1{,}35 \cdot 1{,}35 \cdot 2 \cdot 1{,}35}$$
$$= 1{,}35 \cdot \sqrt[3]{2} = 1{,}35 \cdot 1{,}2599 = \underline{1{,}7 \text{ m}}$$

Die Betriebsinduktivität ergibt sich aus Gl. (91):

$$L_B = \left[0{,}5 + 2 \cdot \ln\left(\frac{d_m}{r}\right)\right] \cdot 10^{-4} = \left[0{,}5 + 2 \cdot \ln\left(\frac{170}{0{,}625}\right)\right] \cdot 10^{-4}$$
$$= [0{,}5 + 2 \cdot \ln 272] \cdot 10^{-4} = [0{,}5 + 2 \cdot 5{,}6058] \cdot 10^{-4}$$
$$= 11{,}7116 \cdot 10^{-4}$$

$$\underline{\underline{L_B = 1{,}171 \cdot 10^{-3} \frac{\mathrm{H}}{\mathrm{km}}}}$$

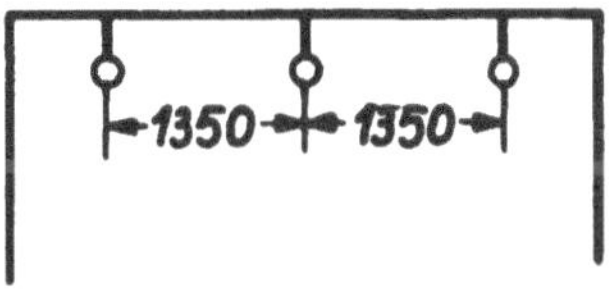

Abb. 22.
Mastkopfbild der Hochspannungsleitung zum Beispiel 8

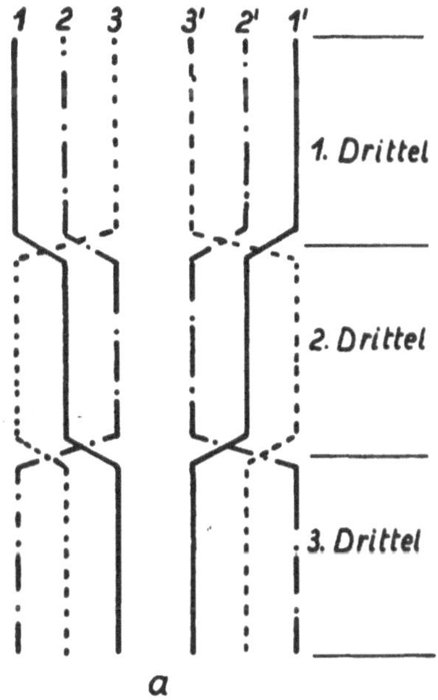

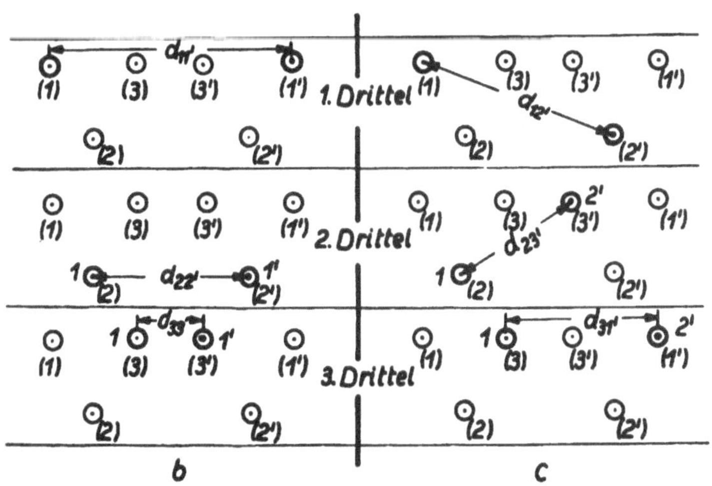

Abb. 23.
Verdrillung α einer Drehstrom-Doppelleitung

a Anordnung der Verdrillung

b Verkettung des Leiters 1 mit Leiter 1'

c Verkettung des Leiters 1 mit Leiter 2'

Unsymmetrisch aufgehängte Doppelleitung

Die beiden nebeneinander aufgehängten Systeme einer Doppelleitung beeinflussen sich stets gegenseitig so, daß auch bei symmetrischer Anordnung je eines Systems die Gesamtanordnung unsymmetrisch ist. Es muß daher jedes System für sich verdrillt werden. Es sind zwei Arten der Verdrillung möglich. Bei der in Abb. 23 gezeigten Verdrillung a ist diese bei beiden Systemen an der gleichen Stelle, am gleichen Mast ausgeführt. Die Feldlinienverkettung des Leiters 1 durch sein eigenes System I ergibt sich wie bei der verdrillten Einfachleitung nach Gl. (91):

$$\Phi_{I_1} = i_1 \left[0{,}5 + 2 \cdot \ln\left(\frac{d_m}{r}\right)\right] \cdot 10^{-4} \tag{92}$$

Hinzu kommt die Verkettung durch das System II. Die Leiterabstände zwischen dem Leiter 1 des Systems I und dem Leiter des gleichen Stranges 1′ im System II ergeben sich aus Abb. 23b, da beide Leiter ihre Lage am Mast bei jedem Verdrillungspunkt zyklisch vertauschen. Aus den drei sich dadurch ergebenden Feldkoeffizienten ist wieder der algebraische Mittelwert zu nehmen. Die Abstände des den Strom i_2' führenden Leiters vom Leiter 1 zeigt Abb. 23c. Auch aus den drei zugehörigen Feldkoeffizienten wird wieder der Mittelwert eingesetzt. Die gesamte Verkettung des Systems II mit dem Leiter 1 des Systems I ist nach Gl. (88):

$$\Phi_{II_1} = i_1' \cdot \frac{f_{11'} + f_{22'} + f_{33'}}{3} + i_2' \cdot \frac{f_{12'} + f_{23'} + f_{31'}}{3} + i_3' \cdot \frac{f_{13'} + f_{21'} + f_{32'}}{3}$$

Eine Betrachtung der Abb. 23c zeigt, daß die Abstände des den Strom i_2' führenden Leiters vom Leiter 1 gleich denen des den Strom i_2 führenden vom Leiter 1′ sind, z. B. $d_{12'} = d_{21'}$. Da dann auch die Feldkoeffizienten gleich sind, kann die letzte Gleichung geschrieben werden:

$$\Phi_{II_1} = i_1' \cdot \frac{f_{11'} + f_{22'} + f_{33'}}{3} + (i_2' + i_3') \cdot \frac{f_{12'} + f_{23'} + f_{31'}}{3}$$

Setzt man wiederum die Werte der Feldkoeffizienten nach Gl. (76) und den der Stromsumme im zweiten Glied nach Gl. (84a) ein, so wird:

$$\begin{aligned}
\Phi_{II_1} &= \left\{ i_1' \cdot 2 \cdot \frac{1}{3}\left[\ln\left(\frac{1}{d_{11'}}\right) + \ln\left(\frac{1}{d_{22'}}\right) + \ln\left(\frac{1}{d_{33'}}\right)\right] \right.\\
&\quad \left. - i_1' \cdot 2 \cdot \frac{1}{3}\left[\ln\left(\frac{1}{d_{12'}}\right) + \ln\left(\frac{1}{d_{23'}}\right) + \ln\left(\frac{1}{d_{31'}}\right)\right]\right\} 10^{-4}\\
&= 2 \cdot i_1' \cdot \left[\ln\left(\frac{1}{d_{11'} \cdot d_{22'} \cdot d_{33'}}\right) - \ln\left(\frac{1}{d_{12'} \cdot d_{23'} \cdot d_{31'}}\right)\right] \cdot 10^{-4}\\
&= 2 \cdot i_1' \cdot \left[\ln \sqrt[3]{\frac{d_{12'} \cdot d_{23'} \cdot d_{31'}}{d_{11'} \cdot d_{22'} \cdot d_{33'}}}\right] \cdot 10^{-4}
\end{aligned}$$

Für die Mittelwerte werden folgende Abkürzungen eingeführt:

$$d' = \sqrt[3]{d_{12'} \cdot d_{23'} \cdot d_{31'}} \tag{93}$$

$$d'' = \sqrt[3]{d_{11'} \cdot d_{22'} \cdot d_{33'}} \tag{94}$$

Damit wird die Verkettung des Systems II mit dem Leiter 1:

$$\Phi_{II_1} = 2 \cdot i_1' \cdot 10^{-4} \ln\left(\frac{d'}{d''}\right) \tag{95}$$

Wie schon zu Beginn dieser Ableitung erwähnt, ergibt sich die gesamte Verkettung des Leiters 1 durch beide Leitersysteme zu

$$\Phi_1 = \Phi_{I_1} + \Phi_{II_1}$$

Berücksichtigt man noch, daß $i_1 = i_1'$ ist, so wird nach Gl. (92) und (95):

$$\Phi_1 = \Phi_{I_1} + \Phi_{II_1} = i_1 \left[0{,}5 + 2 \cdot \ln\left(\frac{d_m}{r}\right) + 2 \cdot \ln\left(\frac{d'}{d''}\right)\right] \cdot 10^{-4}$$

$$\Phi_1 = i_1 \left[0{,}5 + 2 \cdot \ln\left(\frac{d_m}{r} \cdot \frac{d'}{d''}\right)\right] \cdot 10^{-4} \tag{96}$$

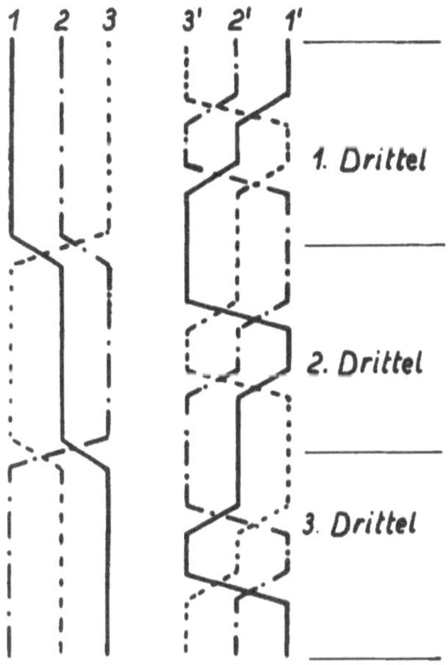

Abb. 24. Verdrillung β einer Drehstrom-Doppelleitung

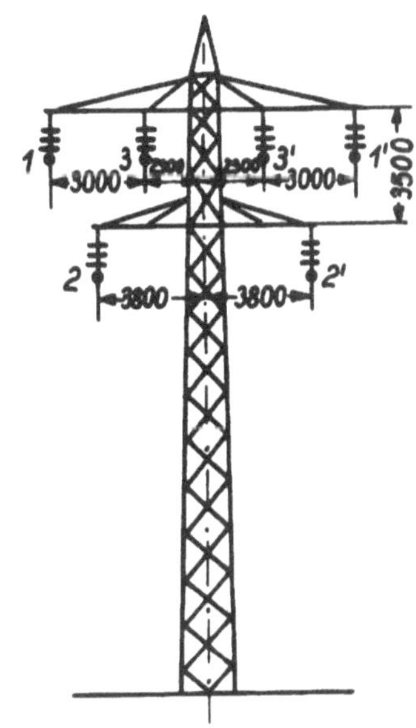

Abb. 25. Mastbild zum Beispiel 9

Mit Hilfe der Gl. (79a) ergibt sich hieraus die Betriebsinduktivität einer Drehstrom-Doppelleitung mit Verdrillung α:

$$L_B = \left[0{,}5 + 2 \cdot \ln\left(\frac{d_m}{r} \cdot \frac{d'}{d''}\right)\right] \cdot 10^{-4} \left[\frac{\mathrm{H}}{\mathrm{km}}\right] \tag{97}$$

Die zweite Art der Verdrillung bei Drehstrom-Doppelleitungen wird so ausgeführt, daß auf einen unverdrillten Abschnitt des einen Systems eine volle Verdrillung des zweiten entfällt, wie es Abb. 24 zeigt. Durch diese

Verdrillung β wird erreicht, daß die gegenseitige Beeinflussung beider Systeme aufgehoben wird, so daß sich die Betriebsinduktivität nach der Gl. (91) ergibt:

$$L_B = \left[0{,}5 + 2 \cdot \ln\left(\frac{d_m}{r}\right)\right] \cdot 10^{-4} \left[\frac{\text{H}}{\text{km}}\right] \qquad (91)$$

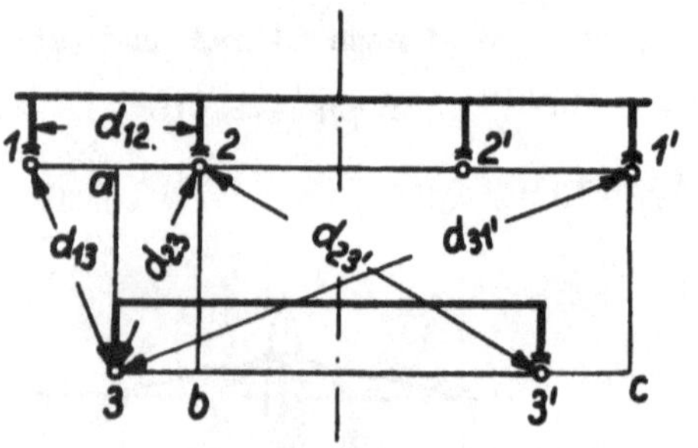

Abb. 26. Mastkopfbild zur Berechnung der Leiterabstände

Beispiel 9

Für die Drehstrom-Doppelleitung nach Abb. 25, bestehend aus 6 Kupferseilen mit einem Querschnitt von je 95 mm², sind die Betriebsinduktivitäten:

a) mit Verdrillung α,
b) mit Verdrillung β

zu berechnen!

Lösung:

a) Verdrillung α

1. Berechnung der Leiterabstände

In Abb. 26 sind in größerem Maßstab nochmals die 6 Leiter aufgezeichnet und zur Berechnung der Leiterabstände verschiedene rechtwinklige Dreiecke eingetragen worden, aus denen mit Hilfe des Pythagoreischen Lehrsatzes die einzelnen Abstände ermittelt werden können.

Aus Dreieck $a32$ ergibt sich:

$$d_{23} = d_{31} = \sqrt{350^2 + 150^2} = 10^2 \cdot \sqrt{14{,}5} = \underline{381 \text{ cm}}$$

Mit diesen Abständen errechnet sich der Mittelwert nach Gl. (90):

$$d_m = \sqrt[3]{d_{12} \cdot d_{23} \cdot d_{31}} = 10^2 \cdot \sqrt[3]{3{,}0 \cdot 3{,}81 \cdot 3{,}81} = 10^2 \cdot \sqrt[3]{43{,}55} = \underline{\underline{352 \text{ cm}}}$$

$$d_{12'} = 300 + 230 + 230 = \underline{760 \text{ cm}}$$

Aus Dreieck $2b3'$ ergibt sich:

$$d_{23'} = \sqrt{350^2 + (380 + 380 - 150)^2} = \sqrt{350^2 + 610^2} = 10^2 \cdot \sqrt{49{,}46} = \underline{703 \text{ cm}}$$

Aus Dreieck $3c1'$ ergibt sich:

$$d_{31'} = \sqrt{350^2 + (380 + 380 + 150)^2} = \sqrt{350^2 + 910^2} = 10^2 \cdot \sqrt{95{,}06} = \underline{975 \text{ cm}}$$

Mit diesen Abständen errechnet sich der Mittelwert nach Gl. (93):

$$d' = \sqrt[3]{d_{12'} \cdot d_{23'} \cdot d_{31'}} = 10^2 \cdot \sqrt[3]{7{,}6 \cdot 7{,}03 \cdot 9{,}75} = 10^2 \cdot \sqrt[3]{521} = \underline{\underline{805 \text{ cm}}}$$

$$d_{11'} = 300 + 230 + 230 + 300 = \underline{1060 \text{ cm}} \qquad d_{22'} = 230 + 230 = \underline{460 \text{ cm}}$$

$$d_{33'} = 380 + 380 = \underline{760 \text{ cm}}$$

Mit diesen Abständen der dritte Mittelwert nach Gl. (94):

$$d'' = \sqrt[3]{d_{11'} \cdot d_{22'} \cdot d_{33'}} = 10^2 \cdot \sqrt[3]{10{,}6 \cdot 4{,}6 \cdot 7{,}6} = 10^2 \cdot \sqrt[3]{371} = \underline{\underline{719 \text{ cm}}}$$

2. Berechnung der Betriebsinduktivität

Nach Spalte 3 der Tafel 5, Teil 1, S. 16 ist der Durchmesser eines Kupferseils von 95 mm² Querschnitt 12,4 mm also:

$$r = 0{,}625 \text{ cm}$$

Nach Gl. (97) ist:

$$L_B = \left[0{,}5 + 2 \cdot \ln\left(\frac{d_m}{r} \cdot \frac{d'}{d''}\right)\right] 10^{-4} = \left[0{,}5 + 2 \cdot \ln\left(\frac{352}{0{,}625} \cdot \frac{805}{719}\right)\right] \cdot 10^{-4}$$
$$= [0{,}5 + 2 \cdot \ln 631]\, 10^{-4} = [0{,}5 + 2 \cdot 6{,}447] \cdot 10^{-4} = \underline{13{,}394 \cdot 10^{-4}}$$
$$\underline{\underline{L_B = 1{,}339 \cdot 10^{-3} \frac{\text{H}}{\text{km}}}}$$

b) Verdrillung β

Nach Gl. (91) ist die Betriebsinduktivität:

$$L_B = \left[0{,}5 + 2 \cdot \ln\left(\frac{d_m}{r}\right)\right] \cdot 10^{-4} = \left[0{,}5 + 2 \cdot \ln\left(\frac{352}{0{,}625}\right)\right] \cdot 10^{-4}$$
$$= [0{,}5 + 2 \cdot \ln 563{,}2] \cdot 10^{-4} = [0{,}5 + 2 \cdot 6{,}333] \cdot 10^{-4} = \underline{13{,}166 \cdot 10^{-4}}$$
$$\underline{\underline{L_B = 1{,}317 \cdot 10^{-3} \frac{\text{H}}{\text{km}}}}$$

b) Induktivität von Kabeln

Für Ein-, Zwei- und Dreileiterkabel, sowohl Gürtelkabel als auch Dreileiterkabel mit metallisierten Adern oder Dreimantelkabel, berechnet sich die Betriebsinduktivität nach der für Freileitungen abgeleiteten Gleichung:

$$L_B = \left[0{,}5 + 2 \cdot \ln\left(\frac{d}{r}\right)\right] \cdot 10^{-4} \left[\frac{\text{H}}{\text{km}}\right] \qquad (81)$$

worin d den Abstand der Leiterachsen, r den Radius der Leiter, beide in cm, bedeuten. Diese Induktivität wird bei Kabeln häufig durch Messungen festgestellt.

Beispiel 10

Wie groß ist die Betriebsinduktivität eines Dreimantelkabels 3 · 95 mm², wenn der Abstand der Leiterachsen 60 mm beträgt?

Lösung:

Nach Spalte 3 der Tafel 5, Teil 1, S. 16 hat ein verseilter Kupferleiter von 95 mm² Querschnitt einen Durchmesser von 12,5 mm, also $r = 0{,}625$ cm.

Nach Gl. (81) ist die Betriebsinduktivität:

$$L_B = \left[0{,}5 + 2 \cdot \ln\left(\frac{d}{r}\right)\right] \cdot 10^{-4} = \left[0{,}5 + 2 \cdot \ln\left(\frac{6{,}0}{0{,}625}\right)\right] \cdot 10^{-4}$$
$$= [0{,}5 + 2 \cdot \ln 9{,}6] \cdot 10^{-4} = [0{,}5 + 2 \cdot 2{,}262] \cdot 10^{-4} = 5{,}024 \cdot 10^{-4}$$
$$\underline{\underline{L_B = 0{,}5024 \cdot 10^{-3} \frac{\text{H}}{\text{km}}}}$$

Beachte den Größenunterschied der Betriebsinduktivität von Freileitungen, z. B. Beispiel 7, und Kabeln!

4. Leitungen mit induktiver oder kapazitiver Belastung mit Berücksichtigung der Induktivität der Leitung

Bei Hochspannungsleitungen, vor allem Freileitungen, wird die Betriebsinduktivität L_B der Leiterseile so groß, daß der durch sie hervorgerufene induktive Spannungsverlust nicht mehr vernachlässigt werden kann.

Infolge der verhältnismäßig kleinen Betriebsinduktivität von Kabeln wird der induktive Spannungsverlust in Kabelanlagen erst bei hohen Spannungen zu berücksichtigende Werte annehmen.

a) Einfache Leitungen für Einphasenstrom

Speiseleitungen

Um die Spannungs- und Stromverhältnisse in Stromkreisen mit zusammengesetzten Wechselstromwiderständen besser übersehen zu können, bedient man sich der Ersatzschaltbilder. In Abb. 27a ist eine am Ende induktiv belastete Speiseleitung dargestellt, deren Betriebsinduktivität L_B nicht vernachlässigt werden kann; in Abb. 27b ist das Ersatzschaltbild dieser Leitung wiedergegeben. Der am Ende der Leitung an die Spannung U_E angeschlossene Verbraucher hat den Wirkwiderstand R_V und die Induktivität L_V, während die Leitung selbst den Wirkwiderstand R_L und die Betriebsinduktivität L_B besitzt. Zur Aufstellung des Zeigerdiagramms der Leitung (Abb. 28) wird wieder die Spannung $\dot{U}_E$ als Bezugszeiger in die reelle Achse gelegt. Der Strom eilt ihr um den Winkel φ_E nach. Der Wirkspannungsverlust der Leitung:

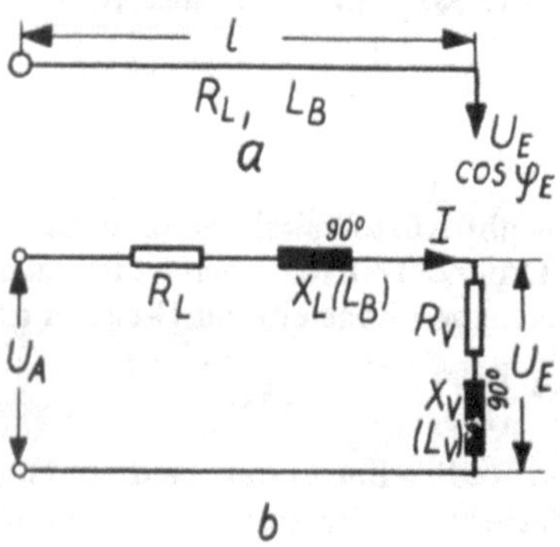

Abb. 27. Speiseleitung
a Vereinfachte Darstellung;
b Ersatzschaltbild

$$\Delta \dot{U}_R = \dot{I} \cdot R_L \tag{98}$$

hat die gleiche Richtung wie der Strom; der induktive Spannungsverlust

$$\Delta \dot{U}_L = \dot{I} \cdot jX_L = \dot{I} \cdot j(\omega \cdot L_B) = \dot{I} \cdot \omega \cdot L_B\, e^{j\,90°} \tag{99}$$

eilt $\Delta \dot{U}_R$ um 90° voraus. Der gesamte Spannungsverlust der Leitung ist:

$$\Delta \dot{U} = \dot{I} \cdot \dot{Z}_L = \dot{I} \cdot (R_L + jX_L) = \dot{I} \cdot Z_L\, e^{j\varphi_L} \tag{100}$$

Die Speisespannung am Anfang der Leitung $\dot{U}_A$ ergibt sich als Summe aus der Spannung am Ende $\dot{U}_E$ und dem Spannungsverlust $\Delta \dot{U}$. Sie ist gegenüber $\dot{U}_E$ um den Winkel ϑ verschoben. Dabei kann, je nach dem Verhältnis von Wirkwiderstand R_L zum Blindwiderstand X_L der Leitung,

$\dot{U}_A$ gegen $\dot{U}_E$ voreilend sein (Abb. 28a); dann ist ϑ positiv, oder nacheilend (Abb. 28b), dann ist der Verschiebungswinkel negativ, — ϑ.

$$\dot{U}_A = \dot{U}_E + \Delta \dot{U} \tag{101}$$

Der Strom $\dot{I}$ eilt der Speisespannung $\dot{U}_A$ um den Winkel φ_A nach, der sich aus den Diagrammen berechnen läßt:

$$\varphi_A = \varphi_E \pm \vartheta \tag{102}$$

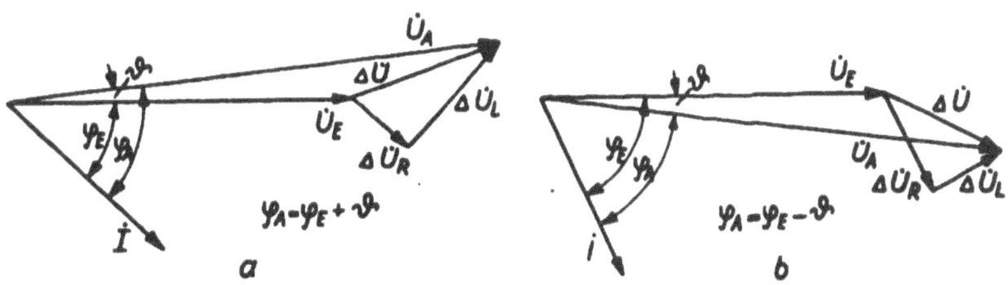

Abb. 28. Zeigerdiagramm der Einphasen-Speiseleitung Abb. 27
a Voreilung von U_A *b* Nacheilung von U_A

Beispiel 11

Die Einphasen-Freileitung nach Abb. 29 soll für Al-Leiterseile mit 6,5% Leistungsverlust berechnet werden, wobei die Spannung am Ende $U_E = 60$ kV, die Frequenz $16^2/_3$ Hz und der Leistungsfaktor $\cos\varphi_E = 0{,}73$ betragen sollen. Die Leiter sind in einem Abstand von 2,6 m aufgehängt, die Betriebsinduktivität ist dem Beispiel 6, S. 37 zu entnehmen!

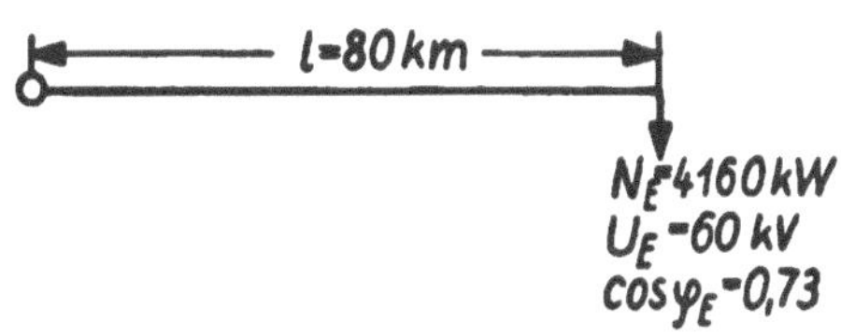

Abb. 29. Einphasen-Hochspannungsfreileitung zum Beispiel 11

Lösung:

1. Querschnittsberechnung

Nach Gl. (48) ist der Querschnitt:

$$q = \frac{200 \cdot N_E \cdot l}{\varkappa \cdot U_E^2 \cdot \cos^2\varphi_E \cdot p_N} = \frac{200 \cdot 4160 \cdot 10^3\ \mathrm{W} \cdot 80 \cdot 10^3\ \mathrm{m}}{35\ \frac{\mathrm{m}}{\Omega\ \mathrm{mm}^2} \cdot 60^2 \cdot 10^6\ \mathrm{V}^2 \cdot 0{,}73^2 \cdot 6{,}5} = \underline{153\ \mathrm{mm}^2}$$

Gewählt: 150 mm²

2. **Ermittlung des Stromes**

Nach Gl. (47) ist der Strom:

$$I = \frac{N_E}{U_E \cdot \cos\varphi_E} = \frac{4160 \cdot 10^3\,\mathrm{W}}{30 \cdot 10^3\,\mathrm{V} \cdot 0{,}73} = \underline{95{,}0\,\mathrm{A}}$$

$$\cos\varphi_E = 0{,}73 \qquad \varphi_E = 43{,}12^0$$

$$\underline{\dot{I} = 95{,}0\, e^{-j\,43{,}12^0}}$$

3. **Feststellen der Leitungswerte**

Wirkwiderstand der Leitung:

$$R_L = \frac{2 \cdot l}{\varkappa \cdot q} = \frac{2 \cdot 80 \cdot 10^3\,\mathrm{m}}{35\,\dfrac{\mathrm{m}}{\Omega\,\mathrm{mm}^2} \cdot 150\,\mathrm{mm}^2} = \underline{30{,}5\,\Omega}$$

Induktiver Blindwiderstand der Leitung:

Die Betriebsinduktivität war in Beispiel 6 berechnet zu $L_B = 24{,}2 \cdot 10^{-4}\,\frac{\mathrm{H}}{\mathrm{km}}$:

$$X_L = 2 \cdot \pi \cdot f \cdot L_B \cdot l = 2 \cdot 3{,}14 \cdot 16{,}67\,s^{-1} \cdot 24{,}2 \cdot 10^{-4}\,\frac{\Omega\,\mathrm{s}}{\mathrm{km}} \cdot 80\,\mathrm{km} = \underline{20{,}3\,\Omega}$$

Scheinwiderstand der Leitung:

$$\dot{Z}_L = R_L + jX_L = 30{,}5 + j\,20{,}3 = \underline{36{,}64\, e^{j\,33{,}66^0}}$$

Ermittlung der Beträge

$$Z = \sqrt{30{,}5^2 + 20{,}3^2} = \sqrt{1342{,}34} = 36{,}64$$

$$\mathrm{tg}\,\varphi = \frac{20{,}3}{30{,}5} = 0{,}666$$

$$\varphi = 33{,}66^0$$

4. **Berechnung des Spannungsverlustes**

Nach Gl. (100) ist:

$$\Delta\dot{U} = \dot{I} \cdot \dot{Z} = 95\, e^{-j\,43{,}12^0} \cdot 36{,}64\, e^{-j\,33{,}66^0}$$
$$= 3481\, e^{-j\,9{,}46^0} = 3481 \cdot (\cos 9{,}46^0 - j \sin 9{,}46^0)$$
$$= 3481 \cdot (0{,}9864 - j\,0{,}1643) = \underline{3434 - j\,572}$$

5. **Berechnung der Spannung am Anfang der Leitung**

Nach Gl. (101) ist (die Werte werden in kV eingesetzt):

$$\dot{U}_E = 60{,}0 \quad - j\,0$$
$$+\,\Delta\dot{U} \;=\; 3{,}434 - j\,0{,}572$$
$$\dot{U} \;=\; 63{,}434 - j\,0{,}572 = 63{,}435\, e^{-j\,0{,}5^0}$$

$$\underline{\underline{U_A = 63{,}44\,\mathrm{kV}}}$$

Ermittlung der Beträge

$$U_A = \sqrt{63{,}434^2 + 0{,}572^2}$$
$$= \sqrt{4019{,}9}$$
$$= 63{,}44$$

$$\operatorname{tg} \varphi = \frac{0{,}572}{63{,}434} = 0{,}009$$

$$\varphi = 0{,}5^0$$

$$p_U = \frac{63{,}44 - 60}{60} \cdot 100 = \underline{\underline{5{,}73\,\%}}$$

Würde man die Induktivität der Leitung vernachlässigt haben, so ergäbe sich ein Spannungsverlust:

$$\Delta \dot{U} = \dot{I} \cdot R = 95\, e^{-j\,43{,}1} \cdot 30{,}5 = 2898\, e^{-j\,43{,}1}$$
$$= 2898 \cdot (0{,}73 - j\,0{,}683) = 2115 - j\,1978$$

$$\dot{U}_E = 60{,}0 \quad - j\,0$$
$$+\ \Delta \dot{U} = \quad 2{,}115 - j\,1{,}978$$
$$\dot{U}_A = 62{,}115 - j\,1{,}978$$
$$U_A = 62{,}15 \text{ kV}$$

$$p_U = \frac{62{,}15 - 60}{60} \cdot 100 = \underline{3{,}6\,\%}$$

Die Vernachlässigung von L_B würde also einen erheblichen Fehler ergeben.

Ermittlung des Betrages

$$U_A = \sqrt{62{,}115^2 + 1{,}978^2}$$
$$= \sqrt{3862{,}16} = 62{,}15$$

6. Prüfung auf Erwärmung

Nach Tafel 9, Spalte 3, Abs. 2, Teil 1, S. 48 kann ein Leiterseil mit einem Al-Querschnitt von 150 mm² mit 382 A belastet werden. Da der Belastungsstrom nur 95 A beträgt, ist der gewählte Querschnitt vollkommen ausreichend. Um einen genügend kleinen Leistungs- oder Spannungsverlust bei Hochspannungsleitungen zu erhalten, ist der zu verlegende Querschnitt in bezug auf die zulässige Erwärmung stets nur gering ausgenutzt.

7. Leistung am Anfang der Leitung

Die Speisespannung war zu:

$$\dot{U}_A = 63{,}435\, e^{-j\,0{,}5^0}$$

berechnet worden, sie eilt also um den sehr kleinen Winkel von 0,5° der Spannung am Ende U_E nach; der Phasenverschiebungswinkel zwischen U_A und I ist demnach Gl. (102):

$$\varphi_A = \varphi_E - \vartheta = 43{,}12^0 - 0{,}5^0 = 42{,}62^0$$

daraus der Leistungsfaktor:

$$\cos \varphi_A = 0{,}736$$

Damit wird die Leistung am Anfang:

$$N_A = 63{,}44\ \mathrm{kV} \cdot 95\ \mathrm{A} \cdot 0{,}736 = \underline{\underline{4436\ \mathrm{kW}}}$$

$$p_N = \frac{4436 - 4160}{4160} \cdot 100 = \underline{6{,}63\,\%}$$

Einseitig gespeiste Verteilungsleitungen

Der Spannungsverlust der einseitig gespeisten Leitung nach Abb. 30 ergibt sich nach derselben Gl. (57), S. 6, nur sind jetzt an Stelle der Wirkwiderstände R die Scheinwiderstände $\dot{Z}_L$ der Leitungsabschnitte ein-

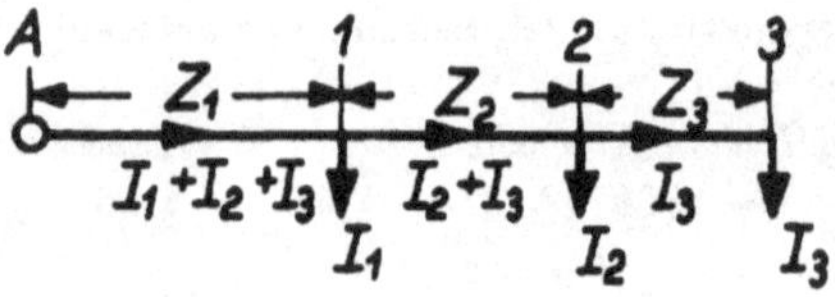

Abb. 30. Einseitig gespeiste Verteilungsleitung

zusetzen, die die Betriebsinduktivität der Leitung enthalten. Der gesamte Spannungsverlust ist also:

$$\Delta \dot{U} = \Delta \dot{U}_1 + \Delta \dot{U}_2 + \Delta \dot{U}_3$$

$$\Delta \dot{U} = (\dot{I}_1 + \dot{I}_2 + \dot{I}_3) \cdot \dot{Z}_{L_1} + (\dot{I}_2 + \dot{I}_3) \cdot \dot{Z}_{L_2} + \dot{I}_3 \cdot \dot{Z}_{L_3} \tag{103}$$

Eine genaue Querschnittsberechnung ist hierbei nicht möglich. Jedoch läßt sich eine angenäherte Berechnung auf folgende Weise durchführen. Ein Vergleich der Gl. (103) einer einseitig gespeisten Leitung mit Berücksichtigung der Betriebsinduktivität der Leitung mit der Gl. (57) einer ähnlichen Leitung, jedoch ohne Berücksichtigung der Leitungsinduktivität, ergibt, daß sich die Spannungsverluste der beiden Leitungen wie $\frac{\dot{Z}_L}{R_L}$ verhalten. Ermittelt man demnach den Leitungsquerschnitt vorerst ohne Berücksichtigung der Betriebsinduktivität, wie im Beispiel 4, berechnet dann auf Grund des festgelegten Mastkopfbildes mit Hilfe der im Abschnitt 3, S. 32 abgeleiteten Gleichungen die Betriebsinduktivität L_B und damit den induktiven Blindwiderstand X_L der Leitung, so kann der Scheinwiderstand $\dot{Z}_L$ festgelegt werden. Jetzt wird der Spannungsverlust der Leitung mit dem gewählten Querschnitt nach Gl. (57) berechnet und mit dem Verhältnis $\frac{\dot{Z}_L}{R_L}$ multipliziert:

$$\Delta U = \frac{2 \cdot \Sigma (I \cdot l)}{\varkappa \cdot q} \cdot \frac{\dot{Z}_L}{R_L} \tag{104}$$

Liegt der errechnete Wert innerhalb des zulässigen Spannungsverlustes, so kann eine genaue Berechnung mit Hilfe der symbolischen Methode folgen und festgestellt werden, ob der gewählte Querschnitt allen Anforderungen genügt. Ergibt sich bei der ersten Berechnung ein zu großer Spannungsverlust, muß ein größerer Querschnitt gewählt und die Berechnung des Spannungsverlustes wiederholt werden, wie es das folgende Beispiel zeigt.

Beispiel 12

Die einseitig gespeiste Verteilungsleitung nach Abb. 31, bestehend aus zwei Cu-Seilen, die im Abstand von 80 cm nebeneinander aufgehängt sind, ist zu berechnen. Die Einphasen-Netzspannung soll 6 kV bei einer Frequenz von 25 Hz, der Spannungsverlust 5,5% betragen.

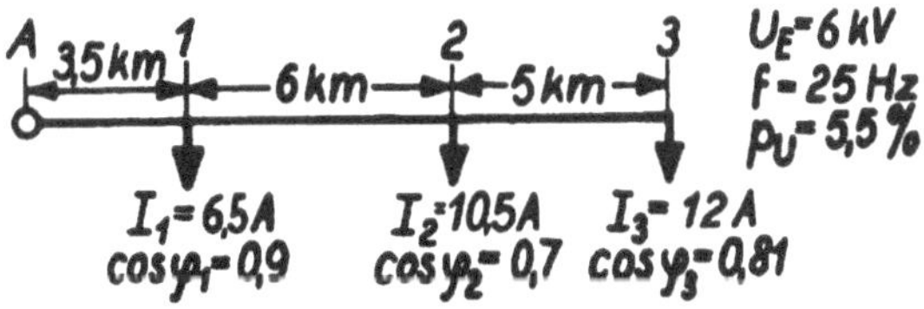

Abb. 31. **Einseitig gespeiste Verteilungsleitung zum Beispiel 12**

Lösung:

1. **Querschnittsberechnung**

Die Ströme in komplexer Form sind:

$$\begin{aligned} \dot I_1 &= 6{,}5 \cdot (0{,}9 - j\,0{,}437) = 5{,}85 - j\,2{,}84 \\ \dot I_2 &= 10{,}5 \cdot (0{,}7 - j\,0{,}714) = 7{,}35 - j\,7{,}5 \\ \dot I_3 &= 12{,}0 \cdot (0{,}81 - j\,0{,}586) = 9{,}72 - j\,7{,}05 \end{aligned}$$

Der Spannungsverlust ist:

$$\Delta U = \frac{p_U}{100} \cdot U_E = \frac{5{,}5}{100} \cdot 6000\ \mathrm{V} = 330\ \mathrm{V}$$

Nach Gl. (58a) errechnet sich der Querschnitt:

$$q = \frac{2 \cdot \Sigma(I \cdot l)}{\varkappa \cdot \Delta U} = \frac{2 \cdot 295{,}2 \cdot 10^3\ \mathrm{Am}}{56\ \frac{\mathrm{m}}{\Omega\ \mathrm{mm}^2} \cdot 330\ \mathrm{V}} = \underline{32\ \mathrm{mm}^2}$$

$$\text{Gewählt } \underline{\underline{q = 35\ \mathrm{mm}^2\ \mathrm{Cu}}}$$

Summe der Strommomente

$$\begin{aligned} (5{,}85 - j\,2{,}84) \cdot 3{,}5 &= 20{,}48 - j\ \ 9{,}94 \\ (7{,}35 - j\,7{,}5\ ) \cdot 9{,}5 &= 69{,}83 - j\ \ 71{,}25 \\ (9{,}72 - j\,7{,}05) \cdot 14{,}5 &= 140{,}94 - j\,102{,}23 \\ \hline \Sigma(\dot I \cdot l) &= 231{,}25 - j\,183{,}42 \\ \Sigma(I \cdot l) &= \sqrt{231{,}25^2 + 183{,}42^2} \\ &= \sqrt{87\,134} = 295{,}2\ \mathrm{Akm} \end{aligned}$$

2. Angenäherte Berechnung des Spannungsverlustes

Nach Tafel 5, Spalte 3, Teil 1, S. 16 hat ein Cu-Querschnitt von 35 mm² einen Durchmesser von 7,5 mm und nach Spalte 4 der gleichen Tafel einen Wirkwiderstand von

$$\underline{R_L = 0{,}53\ \frac{\Omega}{\text{km}}} \qquad \underline{\text{für Hin- und Rückleitung } R_L = 1{,}06\ \frac{\Omega}{\text{km}}}$$

$$r = 0{,}375\ \text{cm}$$

Die Betriebsinduktivität ergibt sich aus Gl. (87):

$$L_B = 2 \cdot \left[0{,}5 + 2 \cdot \ln\left(\frac{d}{r}\right)\right] \cdot 10^{-4} = 2 \cdot \left[0{,}5 + 2 \cdot \ln\left(\frac{80}{0{,}375}\right)\right] \cdot 10^{-4}$$

$$= 2 \cdot [0{,}5 + 2 \cdot \ln 213{,}5] \cdot 10^{-4} = 2 \cdot [0{,}5 + 2 \cdot 5{,}364] \cdot 10^{-4} = 22{,}456 \cdot 10^{-4}$$

$$\underline{\underline{L_B = 2{,}246 \cdot 10^{-3}\ \frac{\text{H}}{\text{km}}}}$$

Damit errechnet sich der Blindwiderstand der Leitung:

$$X_L = 2 \cdot \pi \cdot f \cdot L_B = 157\ \text{s}^{-1} \cdot 2{,}246 \cdot 10^{-3}\ \frac{\Omega\,\text{s}}{\text{km}} = \underline{0{,}353\ \frac{\Omega}{\text{km}}}$$

Aus Wirk- und Blindwiderstand ergibt sich der Scheinwiderstand der gesamten Leitung:

$$Z_L = \sqrt{1{,}06^2 + 0{,}353^2} = \sqrt{1{,}2482} = \underline{\underline{1{,}12\ \frac{\Omega}{\text{km}}}}$$

In komplexer Form:

$$\underline{\underline{\dot{Z}_L = 1{,}12\ e^{j\,18{,}43^\circ}}}$$

$$\operatorname{tg} \varphi = \frac{0{,}353}{1{,}06} = 0{,}333$$

$$\varphi = 18{,}43^0$$

Aus Gl. (104) errechnet sich der Spannungsverlust:

$$\Delta U = \frac{2 \cdot \Sigma (I \cdot l)}{\varkappa \cdot q} \cdot \frac{Z_L}{R_L} = \frac{2 \cdot 295{,}2 \cdot 10^3\ \text{Am}}{56\ \frac{\text{m}}{\Omega\ \text{mm}^2} \cdot 35\ \text{mm}^2} \cdot \frac{1{,}12\ \frac{\Omega}{\text{km}}}{1{,}06\ \frac{\Omega}{\text{km}}} = \underline{\underline{318\ \text{V}}}$$

$$p_U = \frac{318\ \text{V} \cdot 100}{6000\ \text{V}} = \underline{\underline{5{,}3\%}}$$

Dieser Spannungsverlust ist zulässig.

5. Komplexe Nachrechnung

a) Ermittlung der einzelnen Scheinwiderstände der Leitungsabschnitte:

$$\dot{Z}_{L_1} = 1{,}12\ e^{j\,18{,}43^\circ} \cdot 3{,}5 = 3{,}92\ e^{j\,18{,}43^\circ}$$

$$\dot{Z}_{L_2} = 1{,}12\ e^{j\,18{,}43^\circ} \cdot 6{,}0 = 6{,}72\ e^{j\,18{,}43^\circ}$$

$$\dot{Z}_{L_3} = 1{,}12\ e^{j\,18{,}43^\circ} \cdot 5{,}0 = 5{,}5\ \ e^{j\,18{,}43^\circ}$$

b) Ermittlung der Ströme und der Stromsummen in den einzelnen Abschnitten

$$\dot{I}_3 = 9{,}72 - j\;7{,}05 = 12{,}0\,e^{-j\,35{,}94°}$$
$$+\dot{I}_2 = \underline{7{,}5 - j\;7{,}350}$$
$$\dot{I}_2 + \dot{I}_3 = 17{,}07 - j\,14{,}55 = 22{,}43\,e^{-j\,40{,}43°}$$
$$+\dot{I}_1 = \underline{5{,}85 - j\;2{,}84}$$
$$\dot{I}_A = \dot{I}_1 + \dot{I}_2 + \dot{I}_3 = 22{,}92 - j\,17{,}39 = 28{,}78\,e^{-j\,37{,}24°}$$

Ermittlung der Beträge

$$I_3 = \sqrt{9{,}72^2 + 7{,}05^2}$$
$$= \sqrt{144{,}18} = 12\text{ A}$$
$$\operatorname{tg}\varphi = \frac{7{,}05}{9{,}72} = 0{,}725$$
$$\varphi = 35{,}94^0$$
$$I_2 + I_3 = \sqrt{17{,}07^2 + 14{,}55^2}$$
$$= \sqrt{503{,}09} = 22{,}43\text{ A}$$
$$\operatorname{tg}\varphi = \frac{14{,}55}{17{,}07} = 0{,}852$$
$$\varphi = 40{,}43^0$$
$$I_1 + I_2 + I_3 = \sqrt{22{,}92^2 + 17{,}39^2}$$
$$= \sqrt{828{,}09} = 28{,}78\text{ A}$$
$$\operatorname{tg}\varphi = \frac{17{,}4}{22{,}92} = 0{,}76$$
$$\varphi = 37{,}24^0$$

c) Berechnen des Spannungsverlustes

Nach Gl. (103) ist:

$$\Delta\dot{U} = \underbrace{(\dot{I}_1 + \dot{I}_2 + \dot{I}_3)\cdot\dot{Z}_{L_1}}_{\Delta\dot{U}_1} + \underbrace{(\dot{I}_2 + \dot{I}_3)\cdot\dot{Z}_{L_2}}_{\Delta\dot{U}_2} + \underbrace{\dot{I}_3\cdot\dot{Z}_{L_3}}_{\Delta\dot{U}_3}$$

$$\Delta\dot{U}_1 = 28{,}78\,e^{-j\,37{,}24°}\cdot 3{,}92\,e^{j\,18{,}43°} = 112{,}8\,e^{-j\,18{,}81°}$$
$$\Delta\dot{U}_2 = 22{,}43\,e^{-j\,40{,}43°}\cdot 6{,}72\,e^{j\,18{,}43°} = 151{,}0\,e^{-j\,22{,}0°}$$
$$\Delta\dot{U}_3 = 12{,}0\;e^{-j\,35{,}94°}\cdot 5{,}5\;e^{j\,18{,}43°} = 66{,}0\,e^{-j\,17{,}51°}$$

$$\Delta\dot{U}_1 = 112{,}8\cdot(0{,}9466 - j\,0{,}3224) = 106{,}9 - j\;36{,}4$$
$$\Delta\dot{U}_2 = 151{,}0\cdot(0{,}9272 - j\,0{,}3746) = 140{,}0 - j\;56{,}6$$
$$\Delta\dot{U}_3 = 66{,}0\cdot(0{,}9537 - j\,0{,}3008) = \underline{65{,}0 - j\;19{,}8}$$
$$\Delta\dot{U} = 311{,}9 - j\,112{,}8$$
$$+\dot{U}_E = \underline{6000{,}0 - j\;0}$$
$$\dot{U}_A = 6311{,}9 - j\,112{,}8 = 6312\,e^{-j\,1°}$$
$$\underline{\underline{U_A = 6312\text{ V} = 6{,}312\text{ kV}}}$$
$$p_U = \frac{6{,}312\text{ kV} - 6\text{ kV}}{6\text{ kV}}\cdot 100 = \underline{\underline{5{,}2\,\%}}$$
$$\operatorname{tg}\varphi = \frac{112{,}8}{6311{,}9}$$
$$= 0{,}0178$$
$$\varphi = 1{,}0^0$$

Der Spannungsverlust ist zulässig. Er unterscheidet sich nur wenig von dem durch die angenäherte Rechnung ermittelten Verlust.

6. Ermittlung des Leistungsfaktors am Anfang der Leitung

Der Phasenverschiebungswinkel, um den der Speisestrom am Anfang der Leitung I_A der Spannung U_A nacheilt, ist nach Gl. (102):

$$\varphi_A = \varphi_E - \vartheta = 37{,}24^0 - 1{,}0^0 = 36{,}24^0,$$

also der Leistungsfaktor:

$$\cos\varphi_A = \cos 36{,}24^0 = \underline{0{,}806}$$

7. Prüfung auf Erwärmung

Ein Cu-Querschnitt von 35 mm² kann nach Spalte 2 der Tafel 9, Teil 1, S. 48 mit 174 A belastet werden. Da der Gesamtstrom I_A = 28,78 A beträgt, reicht der gewählte Querschnitt vollkommen aus.

Doppelseitig gespeiste Verteilungsleitungen

In Abb. 32 einer doppelseitig gespeisten Leitung, bei der die Betriebsinduktivität zu berücksichtigen ist, sind die Scheinwiderstände der einzelnen Abschnitte mit Z_1 bis Z_4, der gesamte Scheinwiderstand der Leitung zwischen A und B mit Z_{Ges} bezeichnet. Wie bei den im Teil 1, S. 65 besprochenen Gleichstromleitungen und den im Teil 2, S. 8 erläuterten Wechselstromleitungen ergibt sich der Speisestrom:

$$\dot{I}_A = \frac{\dot{I}_1 \cdot \dot{Z}_2 + (\dot{I}_1 + \dot{I}_2) \cdot \dot{Z}_3 + (\dot{I}_1 + \dot{I}_2 + \dot{I}_3) \cdot \dot{Z}_4}{\dot{Z}_{Ges}} \tag{105}$$

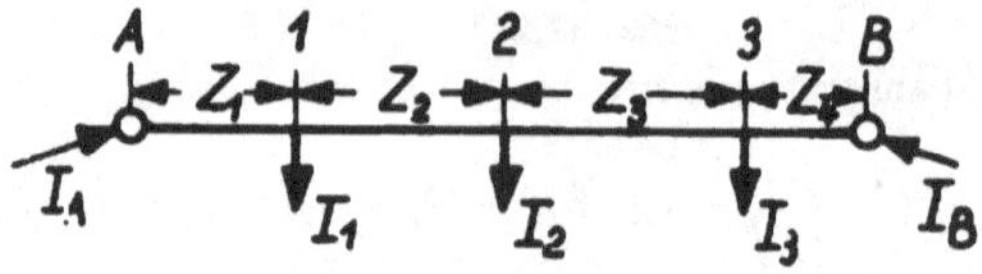

Abb. 32. Doppelseitig gespeiste Verteilungsleitung

oder in vereinfachter Form:

$$\overrightarrow{\dot{I}_A} = \frac{\overleftarrow{\Sigma(\dot{I} \cdot \dot{Z})}}{\dot{Z}_{Ges}} \tag{105a}$$

wobei wieder die Pfeile andeuten sollen, daß die Strommomente stets auf den anderen Speisepunkt zu beziehen sind. Eine Querschnittsermittlung kann in der gleichen Weise durchgeführt werden, wie im vorigen Absatz dargelegt und im letzten Beispiel 12 angewandt wurde.

b) Einfache Leitungen für Drehstrom

Wie zuvor bei der Leitungsberechnung ohne Berücksichtigung der Betriebsinduktivität erwähnt, gelten alle Gleichungen auch für Drehstromleitungen, wenn man alle Widerstandswerte auf einen Leitungsstrang bezieht, alle Spannungen als Strangspannungen einsetzt. Alle ermittelten Spannungswerte sind dann ebenfalls Strangwerte.

Beispiel 13

Die Cu-Leiter der Drehstromverteilungsleitung nach Abb. 33a sind an den Ecken eines gleichseitigen Dreiecks mit einem Abstand von je 60 cm aufgehängt. Welcher Querschnitt ist für eine Netzspannung von 3 kV, 50 Hz bei 5% Spannungsverlust zu verlegen, wenn die Speisespannungen in A und B gleich sind?

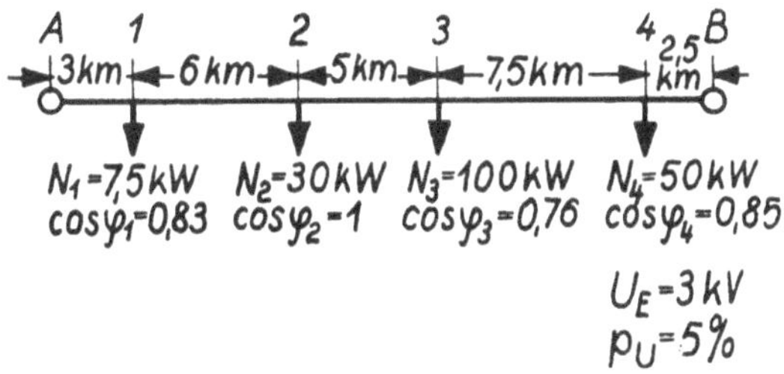

Abb. 33a. Doppelseitig gespeiste Leitung zum Beispiel 13

Lösung:

1. Ermittlung der Ströme

$$I_1 = \frac{N_1}{\sqrt{3} \cdot U \cdot \cos \varphi_1} = \frac{75 \cdot 10^3\ \text{W}}{1{,}73 \cdot 3 \cdot 10^3\ \text{V} \cdot 0{,}83} = \underline{17{,}4\ \text{A}}$$

$$\operatorname{tg} \varphi = \frac{9{,}7}{14{,}44} = 0{,}671$$

$$\varphi = 33{,}83^0$$

$$\dot{I}_1 = 17{,}4 \cdot (0{,}83 - j\,0{,}5577) = 14{,}44 - j\,9{,}7 = 17{,}4\, e^{-j\,33{,}83^0}$$

$$I_2 = \frac{N_2}{\sqrt{3} \cdot U \cdot \cos \varphi_2} = \frac{30 \cdot 10^3\ \text{W}}{1{,}73 \cdot 3 \cdot 10^3\ \text{V} \cdot 1{,}0} = \underline{5{,}78\ \text{A}}$$

$$\dot{I} = 5{,}78 \cdot (1{,}0 - j\,0) = 5{,}78 - j\,0 = 5{,}78\, e^{j\,0^0}$$

$$I_3 = \frac{N_3}{\sqrt{3} \cdot U \cdot \cos \varphi_3} = \frac{100 \cdot 10^3\ \text{W}}{1{,}73 \cdot 3 \cdot 10^3\ \text{V} \cdot 0{,}76} = \underline{25{,}33\ \text{A}}$$

$$\operatorname{tg} \varphi = \frac{16{,}46}{19{,}25} = 0{,}856$$

$$\varphi = 40{,}69^0$$

$$\dot{I}_3 = 25{,}33 \cdot (0{,}76 - j\,0{,}6498) = 19{,}25 - j\,16{,}46 = 25{,}33\, e^{-j\,40{,}69^0}$$

$$I_4 = \frac{N_4}{\sqrt{3} \cdot U \cdot \cos \varphi_4} = \frac{50 \cdot 10^3\ \text{W}}{1{,}73 \cdot 3 \cdot 10^3\ \text{V} \cdot 0{,}85} = \underline{11{,}32\ \text{A}}$$

$$\operatorname{tg} \varphi = \frac{5{,}96}{9{,}62} = 0{,}62$$

$$\varphi = 31{,}8^0$$

$$\dot{I}_4 = 11{,}32 \cdot (0{,}85 - j\,0{,}5269) = 9{,}62 - j\,5{,}96 = 11{,}32\, e^{-j\,31{,}8^0}$$

2. Überschlagsrechnung

a) Ermittlung des vorläufigen Speisestroms

Die Betriebsinduktivität der Leitung wird vorerst vernachlässigt. Dann errechnet sich der Speisestrom nach Gl. (60):

$$\dot{I}_A = \frac{\Sigma(\dot{I} \cdot l)}{L}$$

$$\dot{I}_A = \frac{606{,}5 - j\,383{,}2}{24}$$

$$\underline{\dot{I}_A = 25{,}3 - j\,15{,}95}$$

Summe der Strommomente

$$\begin{aligned}
(\ 9{,}62 - j\ \ 5{,}96) \cdot 2{,}5 &= \ \ 24{,}05 - j\ \ 14{,}9 \\
(19{,}25 - j\,16{,}46) \cdot 10\ \ &= 192{,}5\ \ - j\,164{,}6 \\
(\ 5{,}78 - j\ \ 0\ \ \ \ ) \cdot 15\ \ &= \ \ 86{,}7\ \ - j\ \ \ 0 \\
(14{,}44 - j\ \ 9{,}7\ \ ) \cdot 21\ \ &= \underline{303{,}2\ \ - j\,203{,}7} \\
\Sigma(\dot{I} \cdot l) &= 606{,}5\ \ - j\,383{,}2
\end{aligned}$$

b) Feststellen des Punkts tiefster Spannung

$$\begin{aligned}
\dot{I}_A &= 25{,}30 - j\,15{,}95 \\
-\dot{I}_1 &= \underline{14{,}44 - j\ \ 9{,}70} \\
&\ \ \ 10{,}86 - j\ \ 6{,}25 \\
-\dot{I}_2 &= \underline{\ \ 5{,}78 - j\ \ 0\quad\ } \\
\dot{I}_3' &= \ \ 5{,}08 - j\ \ 6{,}25
\end{aligned}
\qquad\qquad
\begin{aligned}
\dot{I}_3 &= 19{,}25 - j\,16{,}46 \\
-\dot{I}_3' &= \underline{\ \ 5{,}08 - j\ \ 6{,}25} \\
\dot{I}_3'' &= 14{,}17 - j\,10{,}21
\end{aligned}$$

c) Ermittlung des vorläufigen Querschnitts

Die Leitung kann im Punkt 3 aufgeschnitten werden, wie es Abb. 33b zeigt.

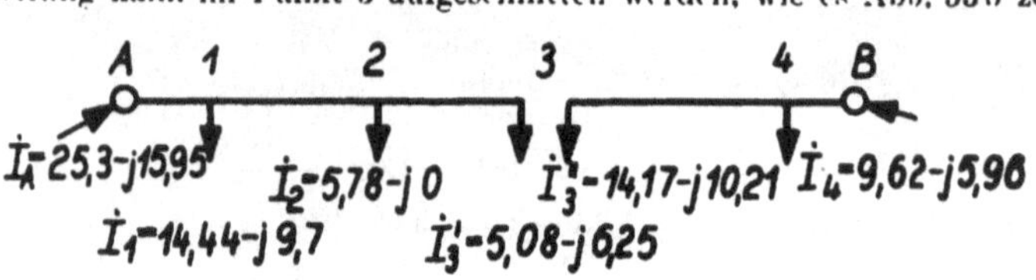

Abb. 33b. Aufgeschnittene Leitung zum Beispiel 13

$$\Delta U_{St} = \frac{p_U \cdot U_B}{100 \cdot \sqrt{3}} = \frac{5 \cdot 3000\ \text{V}}{100 \cdot 1{,}73} = 86{,}5\ \text{V}$$

Der Spannungsverlust ist nach Gl. (62):

$$\Delta U_{St} = \frac{p_U \cdot U_B}{100 \cdot \sqrt{3}} = \frac{5 \cdot 3000\ \text{V}}{100 \cdot 1{,}73} = \underline{86{,}5\ \text{V}}$$

Der Querschnitt ergibt sich nach Gl. (61a); das rechte Leitungsstück wird berechnet.

$$q = \frac{\Sigma(\dot{I} \cdot l)}{\varkappa \cdot \Delta U_{St}} = \frac{202{,}9 \cdot 10^3\ \text{Am}}{56\ \frac{\text{m}}{\Omega\ \text{mm}^2} \cdot 86{,}5\ \text{V}} = \underline{42\ \text{mm}^2}$$

$$\underline{\underline{\text{Gewählt: } q = 50\ \text{mm}^2\ \text{Cu}}}$$

Summe der Strommomente

$$(9{,}62 - j\,5{,}96)\cdot 2{,}5 = 24{,}05 - j\,14{,}9$$
$$(14{,}17 - j\,10{,}21)\cdot 10 = 141{,}7 - j\,102{,}1$$
$$\Sigma(\dot{I}\cdot l) = 165{,}75 - j\,117{,}0$$
$$\Sigma(I\cdot l) = \sqrt{165{,}75^2 + 117^2}$$
$$= \sqrt{41\,163} = 202{,}9 \text{ Am}$$

d) Berechnung des vorläufigen Spannungsverlustes

Nach Tafel 5, Spalte 4, Teil 1, S. 16 hat ein Cu-Seil mit 50 mm² Querschnitt einen Wirkwiderstand von

$$R_L = 0{,}36\,\frac{\Omega}{\text{km}}$$

Nach Beispiel 7 ist die Betriebsinduktivität einer symmetrisch im Abstand von je 60 cm aufgehängten Drehstromleitung mit einem Querschnitt von 50 mm²:

$$L_B = 1{,}03\cdot 10^{-3}\,\frac{\text{H}}{\text{km}}$$

Damit berechnet sich der Blindwiderstand der Leitung:

$$X_L = \omega\cdot L_B = 314\text{ s}^{-1}\cdot 1{,}03\cdot 10^{-3}\,\frac{\Omega\text{ s}}{\text{km}}$$

$$X_L = 0{,}323\,\frac{\Omega}{\text{km}}$$

Aus Wirk- und Blindwiderstand ergibt sich der Scheinwiderstand:

$$Z_L = \sqrt{0{,}36^2 + 0{,}323^2} = \sqrt{0{,}234} = 0{,}484\,\frac{\Omega}{\text{km}}$$

Der vorläufige Spannungsverlust ist nach Gl. (104):

$$\Delta U_{St} = \frac{\Sigma(I\cdot l)}{\varkappa\cdot q}\cdot\frac{Z_L}{R_L} = \frac{202{,}9\cdot 10^3\text{ Am}}{56\,\frac{\text{m}}{\Omega\text{ mm}^2}\cdot 50\text{ mm}^2}\cdot\frac{0{,}484\,\frac{\Omega}{\text{km}}}{0{,}36\,\frac{\Omega}{\text{km}}} = 97{,}4\text{ V}$$

$$p_U = \frac{\sqrt{3}\cdot\Delta U_{St}\cdot 100}{U_B} = \frac{1{,}73\cdot 97{,}4\text{ V}\cdot 100}{3000\text{ V}} = \underline{5{,}62\%}$$

Da die Abweichung vom zulässigen Spannungsverlust nicht allzu groß ist, soll vorerst der tatsächliche Spannungsverlust ermittelt werden.

3. Komplexe Nachrechnung

a) Ermittlung der Scheinwiderstände der einzelnen Leitungsabschnitte

$$\dot{Z}_L = 0{,}36 + j\,0{,}323 = 0{,}484\,e^{j\,41{,}9^\circ}\left[\frac{\Omega}{\text{km}}\right]$$
$$\dot{Z}_{L_5} = 0{,}484\,e^{j\,41{,}9^\circ}\cdot 2{,}5 = 1{,}21\,e^{j\,41{,}9^\circ}$$
$$\dot{Z}_{L_4} = 0{,}484\,e^{j\,41{,}9^\circ}\cdot 7{,}5 = 3{,}63\,e^{j\,41{,}9^\circ}$$
$$\dot{Z}_{L_3} = 0{,}484\,e^{j\,41{,}9^\circ}\cdot 5 = 2{,}42\,e^{j\,41{,}9^\circ}$$
$$\dot{Z}_{L_2} = 0{,}484\,e^{j\,41{,}9^\circ}\cdot 6 = 2{,}90\,e^{j\,41{,}9^\circ}$$
$$\dot{Z}_{L_{Ges}} = 0{,}484\,e^{j\,41{,}9^\circ}\cdot 24 = 11{,}61\,e^{j\,41{,}9^\circ}$$

$$\operatorname{tg}\varphi = \frac{0{,}323}{0{,}35}$$
$$= 0{,}8972$$
$$\varphi = 41{,}9^\circ$$

b) Bilden der Stromsummen

$$
\begin{aligned}
\dot I_1 &= 14,44 - j\,9,7 = 17,4\,e^{-j\,33,83^\circ}\\
+\dot I_2 &= 5,78 - j\,0 =\\
\dot I_1 + \dot I_2 &= 20,22 - j\,9,7 = 22,42\,e^{-j\,25,54^\circ}\\
+\dot I_3 &= 19,25 - j\,16,46\\
\dot I_1 + \dot I_2 + \dot I_3 &= 39,47 - j\,26,16 = 47,32\,e^{-j\,33,49^\circ}\\
+\dot I_4 &= 9,62 - j\,5,96\\
\dot I_1 + \dot I_2 + \dot I_3 + \dot I_4 &= 49,09 - j\,32,12 = 58,62\,e^{-j\,33,14^\circ}
\end{aligned}
$$

Ermittlung der Beträge

$$
\begin{aligned}
I_1 + I_2 &= \sqrt{20,22^2 + 9,7^2}\\
&= \sqrt{502,85} = 22,42\\
\operatorname{tg}\varphi &= \frac{9,7}{20,22} = 0,478\\
\varphi &= 25,54^\circ
\end{aligned}
$$

$$
\begin{aligned}
I_1 + I_2 + I_3 &= \sqrt{39,47^2 + 26,16^2}\\
&= \sqrt{2239,59} = 47,32\\
\operatorname{tg}\varphi &= \frac{26,16}{39,47} = 0,662\\
\varphi &= 33,49^0
\end{aligned}
$$

$$
\begin{aligned}
I_1 + I_2 + I_3 + I_2 &= \sqrt{49,09^2 + 32,12^2}\\
&= \sqrt{3440,07} = 58,62\\
\operatorname{tg}\varphi &= \frac{32,2}{49,09} = 0,653\\
\varphi &= 33,14^0
\end{aligned}
$$

c) Berechnung des Speisestroms

$$
\begin{aligned}
(\dot I_1 + \dot I_2 + \dot I_3 + \dot I_4)\cdot \dot Z_{L_5} &= 58,62\,e^{-j\,33,14^\circ}\cdot 1,21\,e^{j\,41,9^\circ} = 70,9\,e^{j\,8,76^\circ}\\
&= 70,9\,(0,9884 + j\,0,1523) && = 70,1 + j\,10,8\\
(\dot I_1 + \dot I_2 + \dot I_3)\cdot \dot Z_{L_4} &= 47,32\,e^{-j\,33,49^\circ}\cdot 3,63\,e^{j\,41,9} = 171,8\,e^{j\,8,41^\circ}\\
&= 171,8\,(0,9893 + j\,0,1463) && = 169,5 + j\,25,1\\
(\dot I_1 + \dot I_2)\cdot \dot Z_{L_3} &= 22,42\,e^{-j\,25,54^\circ}\cdot 2,42\,e^{j\,41,9} = 54,3\,e^{j\,16,36^\circ}\\
&= 54,3\,(0,9595 + j\,0,2817) && = 52,1 + j\,15,3\\
\dot I_1\cdot \dot Z_{L_2} &= 17,4\,e^{-j\,33,83^\circ}\cdot 2,9\,e^{j\,41,9} = 50,5\,e^{j\,8,07^\circ}\\
&= 50,5\,(0,9901 + j\,0,1404) && = 50,0 + j\,7,1\\
&& \Sigma\,(\dot I\cdot \dot Z)_{BA} &= 341,7 + j\,58,3\\
&& &= 346,3\,e^{j\,9,7^\circ}
\end{aligned}
$$

Ermittlung der Beträge

$$
\begin{aligned}
\Sigma\,(I\cdot Z)_{BA} &= 10^2\cdot\sqrt{3417^2 + 0,583^2}\\
&= 10^2\cdot\sqrt{12,02} = 346,3\\
\operatorname{tg}\varphi &= \frac{58,3}{341,7} = 0,1709\\
\varphi &= 9,7^0
\end{aligned}
$$

Der Speisestrom berechnet sich nach Gl. (105a):

$$\dot I_A = \frac{\Sigma(\dot I \cdot \dot Z)_{BA}}{\dot Z_{Ges}} = \frac{346{,}3\, e^{j\,9,7^\circ}}{11{,}61\, e^{j\,41,9^\circ}} = 29{,}8\, e^{-j\,32,2^\circ}$$

$$= 29{,}8\,(0{,}8462 - j\,0{,}5329) = \underline{25{,}21 - j\,15{,}88}$$

d) Feststellen des Punktes tiefster Spannung

$$\begin{array}{rcl} \dot I_A & = & 25{,}21 - j\,15{,}88 \\ -\dot I_1 & = & 14{,}44 - j\;\;9{,}70 \\ \hline & & 10{,}77 - j\;\;6{,}18 \\ -\dot I_2 & = & \;\;5{,}78 - j\;\;0 \\ \hline \dot I_3' & = & \;\;4{,}99 - j\;\;6{,}18 \end{array} \qquad \begin{array}{rcl} \dot I_3 & = & 19{,}25 - j\,16{,}46 \\ -\dot I_3' & = & \;\;4{,}99 - j\;\;6{,}18 \\ \hline \dot I_3'' & = & 14{,}26 - j\,10{,}28 \end{array}$$

e) Nachprüfen des Spannungsverlustes

Abb. 33c zeigt die aufgeschnittene Leitung mit den ermittelten Strömen.

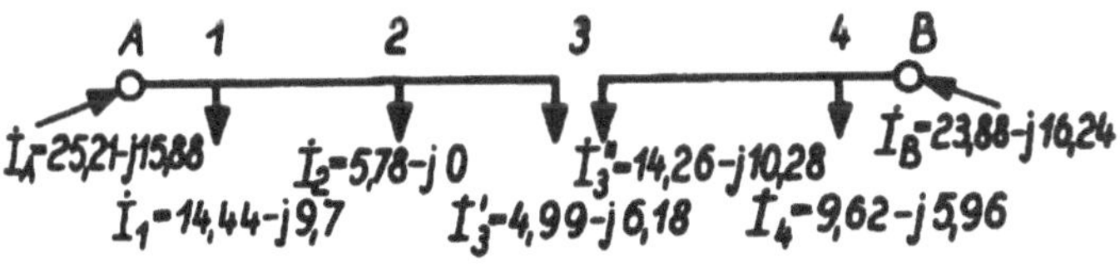

Abb. 33c. Aufgeschnittene Leitung mit den endgültigen Strömen zum Beispiel 13

$$\begin{array}{rcl} \dot I_3'' & = & 14{,}26 - j\,10{,}28 = 17{,}58\, e^{-j\,35,79^\circ} \\ +\dot I_4 & = & \;\;9{,}62 - j\;\;5{,}96 \\ \hline \dot I_B & = & 23{,}88 - j\,16{,}24 = 28{,}88\, e^{-j\,34,21^\circ} \end{array}$$

Ermittlung der Beträge

$$I_3'' = \sqrt{14{,}26^2 + 10{,}28^2}$$

$$= \sqrt{309{,}02} = 17{,}58$$

$$\operatorname{tg}\varphi = \frac{10{,}28}{14{,}26} = 0{,}721$$

$$\varphi = 35{,}79^0$$

$$I_B = \sqrt{23{,}88^2 + 16{,}24^2}$$

$$= \sqrt{833{,}99} = 28{,}88$$

$$\operatorname{tg}\varphi = \frac{16{,}24}{23{,}88} = 0{,}68$$

$$\varphi = 34{,}21^0$$

Nach Gl. (103) ist der Spannungsverlust:

$$\Delta \dot{U}_{St} = \dot{I}_B \cdot \dot{Z}_{L_3} + \dot{I}_3'' \cdot \dot{Z}_{L_4}$$
$$= 28{,}88\, e^{-j\,34{,}21^0} \cdot 1{,}21\, e^{j\,41{,}9^0} + 17{,}58 e^{-j\,35{,}79^0} \cdot 3{,}63\, e^{j\,41{,}9^0}$$
$$= 34{,}94\, e^{j\,7{,}69^0} + 63{,}82\, e^{j\,6{,}11^0}$$
$$= 34{,}94\,(0{,}9910 + j\,0{,}1338) = 34{,}6 + j\;\;4{,}67$$
$$+\; 63{,}82\,(0{,}9943 + j\,0{,}1065) = \underline{63.4 + j\;\;6{,}75}$$
$$\Delta \dot{U}_{St} = 98{,}0 + j\,11{,}42 = 98{,}7\, e^{j\,6{,}64^0}$$
$$\underline{\underline{\Delta U_{St} = 98{,}7\ \mathrm{V}}}$$

$$p_u = \frac{\sqrt{3} \cdot \Delta U_{St}}{U_E} \cdot 100 = \underline{\underline{5{,}69\,\%}}$$

Ermittlung der Beträge

$$\Delta U_{St} = \sqrt{98^2 + 11{,}42^2}$$
$$= \sqrt{9734{,}42} = 98{,}7$$
$$\operatorname{tg} \varphi = \frac{11{,}42}{98{,}0} = 0{,}1165$$
$$\varphi = 6{,}64^0$$

4. Prüfung der Erwärmung

Ein Freileitungsseil mit einem Cu-Querschnitt von 50 mm² kann nach Tafel 9, Spalte 2, Teil 1, Seite 48 mit 231 A belastet werden. Da der Speisestrom $I_A = 29{,}8$ A, der andere $I_B = 28{,}88$ A betragen, ist der gewählte Querschnitt vollkommen ausreichend.

c) Leitungsnetze für Einphasen- und Drehstrom

Die Berechnung von Hochspannungsnetzen, in denen die Betriebsinduktivität der Leitungen berücksichtigt werden muß, geschieht mit Hilfe der komplexen Rechnung, unter sinngemäßer Anwendung aller bisher für Einphasen- und Drehstromleitungen abgeleiteten Gleichungen. Die Berechnung eines Mittelspannungs-Überlandnetzes soll die Durchführung einer solchen Rechnung verständlich machen.

Bei dem Netz ist angenommen, daß die Leiterquerschnitte, alle Stränge haben die gleichen, bekannt sind. Wäre das nicht der Fall, so müßten sie mit Hilfe der Schnittmethode ermittelt oder entsprechend den Belastungen angenommen werden. Nachdem die Ströme der einzelnen Abnehmer aus den angegebenen Belastungen berechnet sind, wird wieder mit Hilfe der Netzumwandlung das ganze Netz zu einem einzigen Leitungsstrang zusammengedrängt und rückwärts daraus Spannung- und Stromverteilung ermittelt. Während aber bei der Berechnung des Ortsnetzes Beispiel 5 diese Umwandlung mit reellen Zahlenwerten vorgenommen werden konnte, muß sie jetzt mit komplexen Werten durchgeführt werden, da durch die Induktivität der Leitungen ihre Scheinwiderstände der Rechnung zugrunde zu legen sind.

Beispiel 14

Das Leitungsnetz der Abb. 34a mit einer Nennspannung von 30 kV ist zu berechnen! Zur Verwendung gelangen Kupferseile von je 150 mm² Querschnitt, die nebeneinander im Abstand von je 1,1 m aufgehängt sind. Der Spannungsverlust darf bis zu 9% betragen.

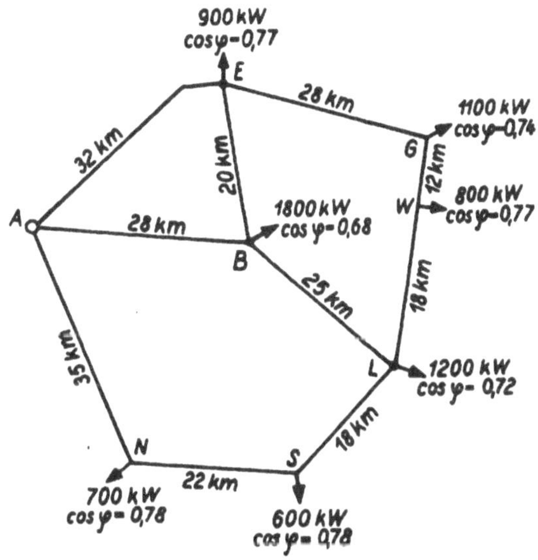

Abb. 34a. Mittelspannungsnetz für 30 kV

Lösung:

1. Berechnung der Ströme

Wie schon in den vorhergehenden Beispielen wird bei der Berechnung der Ströme die Nennspannung von 30 kV bei allen Abnehmern zugrunde gelegt. Da die Verbraucherströme auf der Sekundärseite der Abspanner, 30000 V auf 380 V, auftreten, kann durch Anzapfungen am Umspanner die Niederspannung an allen Orten nahezu gleich gehalten werden.

Für das Abspannwerk in E berechnet sich, als Beispiel, nach Gl. (49) der Strom:

$$I_E = \frac{N_E}{\sqrt{3} \cdot U_N \cdot \cos \varphi_E} = \frac{900 \cdot 10^3 \text{ W}}{1{,}73 \cdot 30 \cdot 10^3 \text{ V} \cdot 0{,}77} = 22{,}5 \text{ A}$$

$$\mathfrak{I}_E = 22{,}5\,(0{,}77 - j\,0{,}638) = 17{,}53 - j\,14{,}36 = 22{,}5\, e^{-j\,39{,}65^\circ}$$

In folgender Tafel 2 sind die errechneten Ströme zusammengestellt.

2. Berechnung der Widerstände der Leitungen

Nach Tafel 5, Spalte 6, Teil 1, S. 16 hat ein Kupferseil von 150 mm² Querschnitt einen Wirkwiderstand von:

$$R_L = 0{,}12\,\frac{\Omega}{\text{km}}$$

Tafel 2. Zusammenstellung der berechneten Ströme in den einzelnen Abspannwerken[1])

1	2	3	4	5	6	7
Ort	N kW	$\cos\varphi$	$\sin\varphi$	I A	$\dot{I}$	$\dot{I}$
E	900	0,77	0,638	22,5	$17,33 - j\ 14,36$	$22,5\ e^{-j\ 39,65^\circ}$
G	1100	0,74	0,6724	28,61	$21,17 - j\ 19,24$	$28,61\ e^{-j\ 42,27^\circ}$
W	800	0,77	0,638	20,05	$15,44 - j\ 12,79$	$20,05\ e^{-j\ 39,65^\circ}$
L	1200	0,72	0,694	32,2	$23,18 - j\ 22,34$	$32,2\ e^{-j\ 43,95^\circ}$
B	1800	0,68	0,7331	51,0	$34,68 - j\ 37,40$	$51,0\ e^{-j\ 47,15^\circ}$
S	600	0,78	0,6258	14,8	$11,54 - j\ 9,26$	$14,8\ e^{-j\ 38,74^\circ}$
N	700	0,78	0,6258	17,28	$13,48 - j\ 10,81$	$17,28\ e^{-j\ 38,74^\circ}$

$$\dot{I}_{Ges} = 136,82 - j\,126.2$$

Nach Spalte 3 der gleichen Tafel ist der Durchmesser eines Cu-Seils von 150 mm² Querschnitt 15,8 mm also:

$$r = 0,79\ \text{cm}$$

Der mittlere Abstand berechnet sich nach Gl. (90):

$$d_m = \sqrt[3]{d_{12} \cdot d_{23} \cdot d_{31}} = \sqrt[3]{1,1 \cdot 1,1 \cdot 2 \cdot 1,1}$$
$$= 1,1 \cdot \sqrt[3]{2} = 1,1 \cdot 1,2599 = \underline{1,386\ \text{m}}$$

Die Betriebsinduktivität ergibt sich aus Gl. (91):

$$L_B = \left[0,5 + 2 \cdot \ln\left(\frac{d_m}{r}\right)\right] \cdot 10^{-4} = \left[0,5 + 2 \cdot \ln\left(\frac{138,6}{0,79}\right)\right] \cdot 10^{-4}$$
$$= [0,5 + 2 \cdot \ln 175] \cdot 10^{-4} = [0,5 + 2 \cdot 5,165] \cdot 10^{-4}$$
$$= 10,83 \cdot 10^{-4}$$
$$\underline{L_B = 1,083 \cdot 10^{-3}\ \frac{\text{H}}{\text{km}}}$$

Damit errechnet sich der Blindwiderstand der Leitung:

$$X_L = \omega \cdot L_B = 314\ \text{s}^{-1} \cdot 1,083 \cdot 10^{-3}\ \frac{\Omega\,\text{s}}{\text{km}}$$
$$\underline{X_L = 0,341\ \frac{\Omega}{\text{km}}}$$

Aus beiden Widerständen ergibt sich der Scheinwiderstand der Leitung:

$$Z_L = \sqrt{R_L^2 + X_L^2} = \sqrt{0,12^2 + 0,341^2} = \sqrt{0,1307} = \underline{0,362\ \frac{\Omega}{\text{km}}}$$
$$\dot{Z}_L = 0,362\ e^{j\ 70,6^\circ}$$

[1]) Da die Nebenrechnungen zur Umwandlung der komplexen Zahlen von der Komponentenform in die Exponentialform und umgekehrt in zahlreichen Beispielen gebracht wurden, werden sie in diesem und den folgenden Beispielen fortgelassen.

Da alle Leitungen den gleichen Querschnitt besitzen, können die meisten Rechnungen anstatt mit den komplexen Widerständen mit den Leitungslängen durchgeführt werden, was den Rechnungsgang sehr vereinfacht.

3. Netzumwandlung

In Abb. 34b ist das 30-kV-Netz in vereinfachter Form dargestellt.

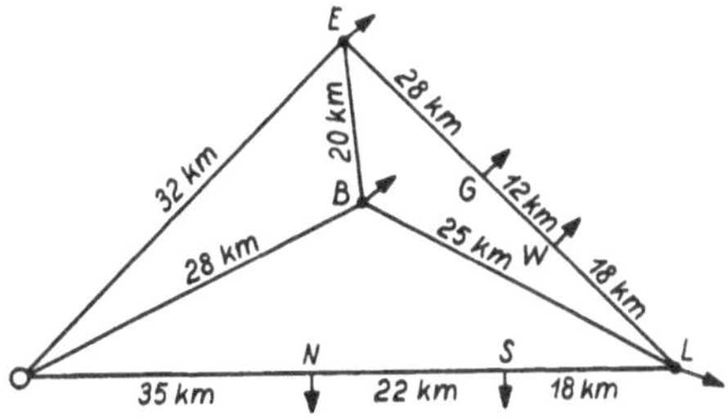

Abb. 34b. 30-kV-Netz in vereinfachter Darstellung

a) Umwandlung Dreieck ABE in Stern x

Abb. 34c stellt das Dreieck ABE mit den eingetragenen Längen und den anschließenden Leitungen dar.

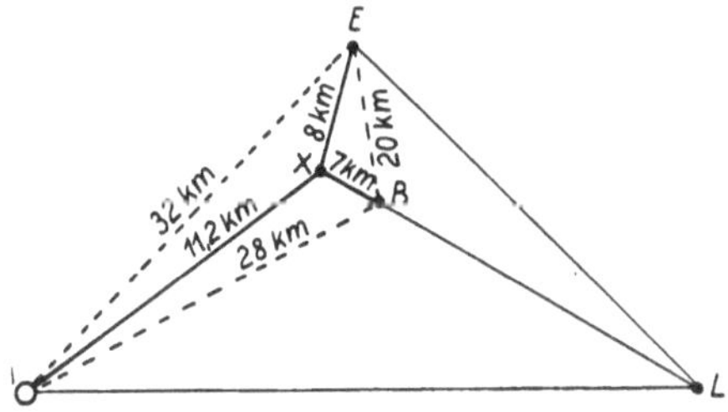

Abb. 34c. Dreieck ABE mit anschließenden Leitungen

Die Umwandlung erfolgt nach der auf Längen umgestellten Gl. (43), Teil 1.

Die Summe der Dreieckslängen ist:

$$\Sigma l_{\triangle} = l_{AE} + l_{EB} + l_{BA} = 32 + 28 + 20 = 80 \text{ km}$$

Die Strahlenwiderstände sind damit:

$$l_{Ax} = \frac{l_{AE} \cdot l_{EB}}{\Sigma l_{\triangle}} = \frac{32 \cdot 28}{80} = 11{,}2 \text{ km} \qquad \dot{Z}_{Ax} = l_{Ax} \cdot \dot{Z}_L = 11{,}2 \cdot 0{,}362\, e^{j\,70{,}6^\circ} = 4{,}05\, e^{j\,70{,}6^\circ}$$

$$l_{Bx} = \frac{l_{EB} \cdot l_{AB}}{\Sigma l_{\triangle}} = \frac{28 \cdot 20}{80} = 7{,}0 \text{ km} \qquad \dot{Z}_{Bx} = l_{Bx} \cdot \dot{Z}_L = 7{,}0 \cdot 0{,}362\, e^{j\,70{,}6^\circ} = 2{,}53\, e^{j\,70{,}6^\circ}$$

$$l_{Ex} = \frac{l_{BA} \cdot l_{AE}}{\Sigma l_{\triangle}} = \frac{20 \cdot 32}{80} = 8{,}0 \text{ km} \qquad \dot{Z}_{Ex} = l_{Ex} \cdot \dot{Z}_L = 8{,}0 \cdot 0{,}362\, e^{j\,70{,}6^\circ} = 2{,}9\, e^{j\,70{,}6^\circ}$$

Zur Weiterführung der Netzumwandlung müssen die Leitungen A...L, x..E..L und x..B..L durch Ermittlung ihrer scheinbaren Speiseströme (doppelseitig gespeiste Leitungen) von den Belastungsströmen frei gemacht werden.

b) Scheinbare Speiseströme der Leitung A...L

In Abb. 34d ist diese Leitung zur Übersicht herausgezeichnet.

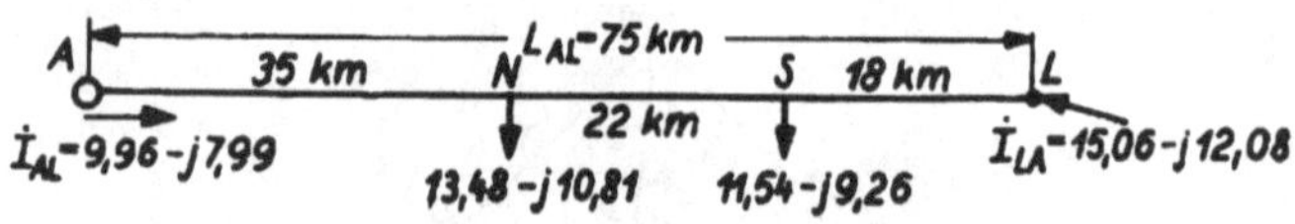

Abb. 34d. Leitung A... L

$$\dot I_{AL} = \frac{\Sigma(\dot I \cdot l)_{LA}}{L_{AL}} = \frac{747,2 - j\,599,1}{75}$$

$$\underline{\dot I_{AL} = 9,96 - j\,7,99}$$

$$\dot I_{LA} = \Sigma \dot I_{AL} - \dot I_{AL}$$

$$= 25,02 - j\,20,07$$

$$-(9,96 - j\,7,99)$$

$$\underline{\dot I_{LA} = 15,06 - j\,12,08}$$

Summe der Strommomente

$$(11,54 - j\,9,26) \cdot 18 = 20,8 - j\,166,7$$

$$(13,48 - j\,10,81) \cdot 40 = 539,2 - j\,432,4$$

$$\Sigma \dot I_{AL} = 25,02 - j\,20,07 \qquad \Sigma(\dot I \cdot l)_{LA} = 747,2 - j\,599,1$$

c) Scheinbare Speiseströme der Leitung x..E..L

In Abb. 34e ist diese Leitung herausgezeichnet.

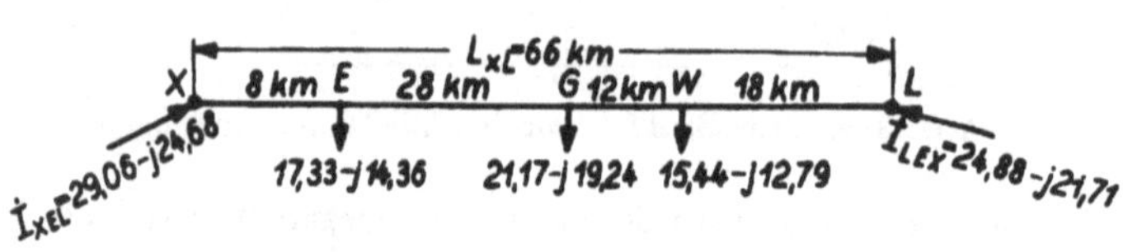

Abb. 34e. Leitung x.. E.. L

$$\dot I_{xEL} = \frac{\Sigma(\dot I \cdot l)_{LEx}}{L_{xL}}$$

$$= \frac{1918,0 - j\,1629,5}{66}$$

$$\dot I_{xEB} = 29,06 - j\,24,68$$

$$\dot I_{LEx} = \Sigma \dot I_{xEL} - \dot I_{xEL}$$

$$= 53,94 - j\,46,39$$

$$-(24,06 - j\,24,68)$$

$$\underline{\dot I_{LEx} = 24,88 - j\,21,71}$$

Summe der Strommomente

$$
\begin{aligned}
(15{,}44 - j\,12{,}79)\cdot 18 &= 277{,}9 - j\;219{,}4\\
(21{,}17 - j\,19{,}24)\cdot 30 &= 635{,}1 - j\;572{,}2\\
(17{,}33 - j\,14{,}36)\cdot 58 &= 1005{,}0 - j\;832{,}9\\
\Sigma\, I_{xEL} = 53{,}94 - j\,46{,}39 \quad \Sigma(I\cdot l)_{Lx} &= 1918{,}0 - j\,1629{,}5
\end{aligned}
$$

d) Scheinbare Speiseströme der Leitung x . . B . . L

In Abb. 34f ist diese Leitung herausgezeichnet

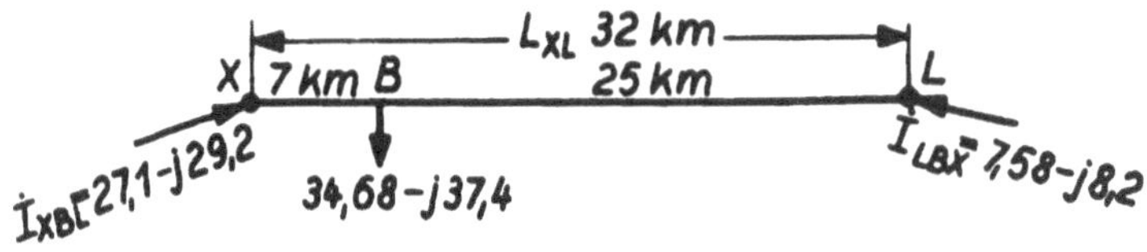

Abb. 34f. Leitung x . . B . . L

$$
I_{xBL} = \frac{I_B \cdot l_{BL}}{L_{xL}} = \frac{(34{,}68 - j\,37{,}4)\cdot 25}{32} = \underline{27{,}1 - j\,29{,}2}
$$

$$
\begin{aligned}
I_{LBx} = I_B - I_{xBL} &= 34{,}68 - j\,37{,}4\\
&\quad -(27{,}10 - j\,29{,}2)\\
\underline{I_{LBx}} &= \underline{7{,}58 - j\;8{,}2}
\end{aligned}
$$

e) Parallelschaltung zwischen x und L

Abb. 34g zeigt die parallel zu schaltenden Leitungen x . . B . . L und x . . E . . L.

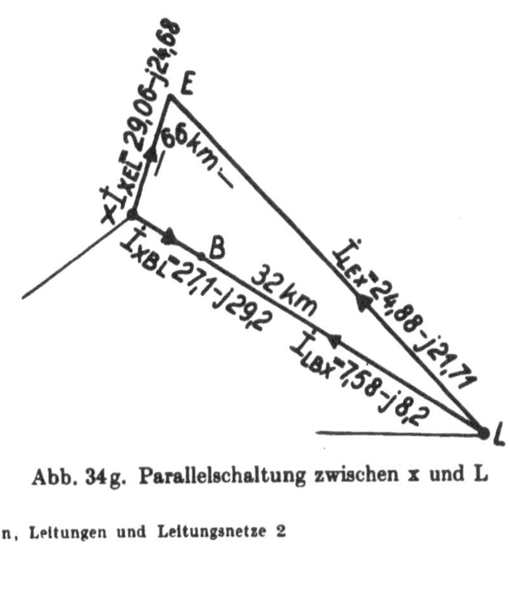

Abb. 34g. Parallelschaltung zwischen x und L

Nach Gl. (32), Teil 1, auf Längen umgestellt, ist:

$$l'_{xL} = \frac{l_{xBL}\, l_{xBL}}{l_{xBL} + l_{xBL}} = \frac{32 \cdot 66}{32 + 66} = \frac{2112}{98} = 21{,}55 \text{ km}$$

$$\dot{Z}'_{xL} = 21{,}55 \cdot 0{,}362\, e^{-j\, 70{,}6^\circ} = 7{,}8\, e^{-j\, 70{,}6^\circ}$$

f) Zusammenfassen der Ströme in der Parallelschaltung

$$\dot{I}_x = \dot{I}_{xBL} + \dot{I}_{xBL} = 29{,}06 - j\,24{,}68$$
$$+\; 27{,}10 - j\,29{,}30$$
$$\dot{I}_x = 56{,}16 - j\,53{,}88$$

$$\dot{I}'_L = \dot{I}_{LA} + \dot{I}_{LBx} + \dot{I}_{LBx} + \dot{I}_L = 15{,}06 - j\,12{,}08$$
$$+\; 24{,}88 - j\,21{,}71$$
$$+\; 7{,}58 - j\;\,8{,}20$$
$$+\; 23{,}18 - j\,22{,}34$$
$$\dot{I}'_L = 70{,}70 - j\,63{,}73$$

Abb. 34h zeigt, daß das Netz durch die Umwandlung eine Ringleitung geworden ist.

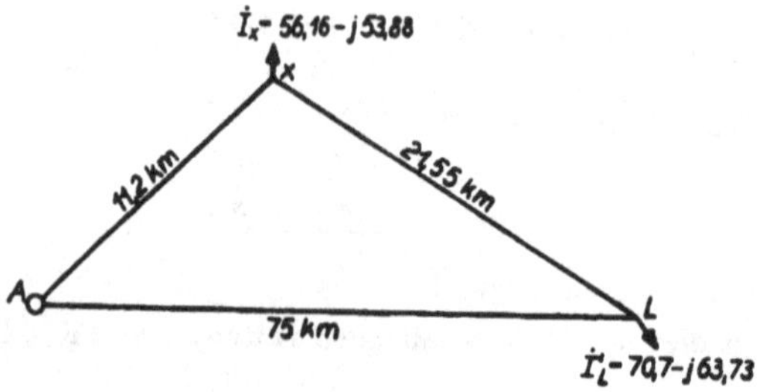

Abb. 34h. Ringleitung als Ergebnis der Netzumwandlung

g) Scheinbare Speiseströme der Ringleitung A...A'

In Abb. 34i ist die aufgeschnittene Ringleitung wiedergegeben.

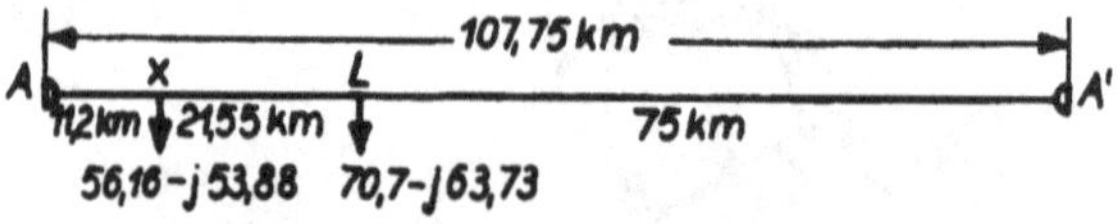

Abb. 34i. Aufgeschnittene Ringleitung

$$\dot{I}_{Ax} = \frac{\Sigma\,(\dot{I} \cdot l)_{A'A}}{L_{A'A}}$$

$$= \frac{10725 - j\,10027}{107{,}75}$$

$$\dot{I}_{A'x} = 99{,}54 - j\,93{,}06 = 136{,}3\, e^{-j\, 43{,}07^\circ}$$

Summe der Strommomente

$$\begin{array}{lrl} & (70,70 - j\ 64,33) \cdot 75,00 & = 5203 - j\ 4825 \\ & (56,16 - j\ 53,88) \cdot 96,55 & = 5422 - j\ 5202 \\ \hline \Sigma \dot{I}_{A'A} = & 126,86 - j\,118,21 \qquad \Sigma (\dot{I} \cdot l)_{A'A} & = 10725 - j\,10027 \end{array}$$

$$\begin{array}{rl} \dot{I}_{A'L} = \dot{I}_{AA'} - \dot{I}_{Ax} = & 126,86 - j\,118,21 \\ - & (99,54 - j\ 93,06) \\ \hline \dot{I}_{A'L} = & 27,32 - j\ 25,15 \end{array}$$

h) Spannungsverlust von A nach x

$$\Delta \dot{U}_{Ax} = \dot{I}_{Ax} \cdot \dot{Z}_{Ax} = 136,3\ e^{-j\,43,07^\circ} \cdot 4,05\ e^{j\,70,6^\circ} = \underline{552\ e^{j\,27,53^\circ}}$$

$$= 552 \cdot (0,8868 + j\,0,4622) \qquad = \underline{\underline{489,5 + j\,255,1}}$$

4. Rückwandlung des Netzes

a) Scheinbarer Strom im Abschnitt x...L

$$\begin{array}{rl} \dot{I}_{xL} = \dot{I}_{Ax} - \dot{I}_x = & 99,54 - j\,93,06 \\ & -\ (56,16 - j\,53,88) \\ \hline \dot{I}_{xA} = & 43,38 - j\,39,18 \end{array}$$

b) Aufteilen des Stromes auf die Parallelschaltung zwischen x und L

In Abb. 34k ist die Parallelschaltung mit den Längen der Strecken nochmals aufgezeichnet.

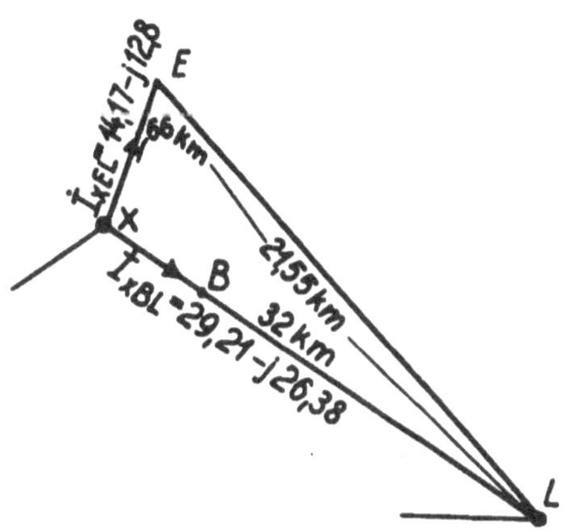

Abb. 34k. Stromverteilung in der Parallelschaltung

In Gl. (36), Teil 1, anstatt der Widerstände die Längen eingesetzt, ergibt:

$$\dot{I}'_{xEl} = \dot{I}_{xL} \frac{l_{xL}}{l_{xEl}} = (43,38 - j\,39,18)\frac{21,55}{66} = 14,17 - j\,12,80$$

$$\dot{I}'_{xBL} = \dot{I}_{xL} \frac{l_{xL}}{l_{xBL}} = (43,38 - j\,39,18)\frac{21,55}{32} = \underline{29,21 - j\,26,38}$$

$$\text{Probe: } \dot{I}_{xL} = 43,38 - j\,39,18$$

c) Ströme auf den Leitungen x..E..L und x..B..L

Leitung x..E..L	Leitung x..B..L
$\dot{I}_{xEL} = 29{,}06 - j\,24{,}68$	$\dot{I}_{xBL} = 27{,}10 - j\,29{,}20$
$+\ \dot{I}'_{xEL} = 14{,}17 - j\,12{,}80$	$+\ \dot{I}'_{xBL} = 29{,}21 - j\,26{,}38$
$\dot{I}''_{x\,EL} = 43{,}23 - j\,37{,}48$	$\dot{I}''_{x\,BL} = 56{,}31 - j\,55{,}58$
$= 57{,}22\,e^{-j\,41{,}0^\circ}$	$= 79{,}12\,e^{-j\,44{,}65^\circ}$

5. Spannungsverluste auf den Leitungen A...E, A...B und E...L

a) Leitung A...E

$$\Delta\dot{U}_{xE} = \dot{I}''_{x\,EL}\cdot\dot{Z}_{Ex} = 57{,}22\,e^{-j\,41{,}0^\circ}\cdot 2{,}9\,e^{j\,70{,}6^\circ} = 165{,}9\,e^{j\,29{,}6^\circ}$$

$$= 165{,}9\cdot(0{,}8992 + j\,0{,}4376)144{,}3 + j\ \ 81{,}9$$

$$+\ \Delta\dot{U}_{Ax} = 489{,}5 + j\,255{,}1$$

$$\Delta\dot{U}_{AE} = 633{,}8 + j\,337{,}0$$

$$\Delta\dot{U}_{AE} = 717{,}8\,e^{j\,28{,}01^\circ}$$

b) Leitung A...B

$$\Delta\dot{U}_{xB} = \dot{I}''_{x\,BL}\cdot\dot{Z}_{Bx} = 79{,}12\,e^{-j\,44{,}65}\cdot 2{,}53\,e^{j\,70{,}6} = 200{,}2\,e^{j\,25{,}95^\circ}$$

$$= 200{,}2\cdot(0{,}8992 + j\,0{,}4376) = 180{,}0 + j\ \ 87{,}6$$

$$+\ \Delta\dot{U}_{Ax} = 489{,}5 + j\,255{,}1$$

$$\Delta\dot{U}_{AB} = 669{,}5 + j\,342{,}7$$

$$\Delta\dot{U}_{AB} = 752{,}1\,e^{j\,27{,}11^\circ}$$

c) Leitung E...B

$$\Delta\dot{U}_{EB} = \Delta\dot{U}_{AB} - \Delta\dot{U}_{AE} = 669{,}5 + j\,342{,}7$$

$$-\ (633{,}8 + j\,337{,}0)$$

$$\Delta\dot{U}_{EB} = 35{,}7 + j\ \ 5{,}7 = 36{,}15\,e^{j\,9{,}06^\circ}$$

6. Tatsächliche Ströme auf den Leitungen A..E, A..B, A..N..A und E..B

a) Leitung A..E

$$\dot{I}_{AE} = \frac{\Delta\dot{U}_{AE}}{\dot{Z}_{AE}} = \frac{717{,}8\,e^{j\,28{,}01^\circ}}{32\cdot 0{,}362\,e^{j\,70{,}6^\circ}} = 62{,}0\,e^{-j\,42{,}59^\circ}$$

$$= 62{,}0\,(0{,}7362 - j\,0{,}6768) = 45{,}64 - j\,41{,}96$$

b) Leitung A..B

$$\dot{I}_{AB} = \frac{\Delta\dot{U}_{AB}}{\dot{Z}_{AB}} = \frac{752{,}1\,e^{j\,27{,}11^\circ}}{28\cdot 0{,}362\,e^{j\,70{,}6^\circ}} = 74{,}17\,e^{j\cdot 43{,}49^\circ}$$

$$= 74{,}17\,(0{,}7255 - j\,0{,}6883) = 53{,}81 - j\,51{,}05$$

c) Leitung A..N..L

$$\dot{I}_{ANL} = \dot{I}_{AL} + \dot{I}'_{AL} = 9{,}96 - j\ \ 7{,}99$$

$$+\ (27{,}32 - j\,25{,}15)$$

$$\dot{I}_{ANL} = 37{,}28 - j\,33{,}14$$

d) Leitung E..B

$$\dot I_{EB} = \frac{\Delta \dot U_{EB}}{\dot Z_{EB}} = \frac{36{,}15\, e^{j\,9{,}06^\circ}}{20 \cdot 0{,}362\, e^{j\,70{,}6^\circ}} = \underline{6{,}0\, e^{-j\,61{,}54^\circ}}$$

$$= 6{,}0 \cdot (0{,}4766 - j\,0{,}8791) = \underline{\underline{2{,}9 - j\,5{,}27}}$$

7. Stromverteilung

In Abb. 34 *l* ist das gesamte Netz in seiner ursprünglichen Form mit allen Strömen und Spannungsverlusten wiedergegeben. Zuerst wird festgestellt, ob die Summe aller Ströme auf den drei von A ausgehenden Speiseleitungen die gesamte Netzbelastung,

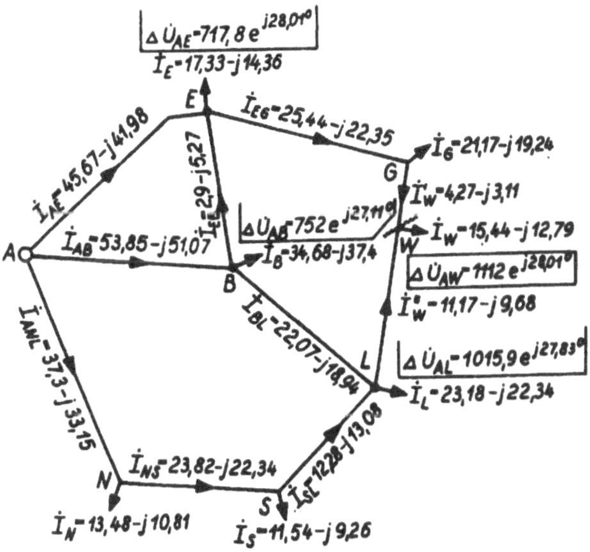

Abb. 34 *l*. 30-kV-Netz mit allen berechneten Größen

die aus Tafel 2 hervorgeht, ergibt. Etwaige kleine Differenzen, die bei der langen Rechnung unvermeidlich sind, werden prozentual auf die drei Ströme verteilt und mit diesen korrigierten Strömen die Verteilung auf die einzelnen Knoten- und Belastungspunkte nachgerechnet.

a) Kontrolle des Zuflusses

Berechnete Ströme	Differenzen	Berichtigte Ströme
$\dot I_{AE} = 45{,}64 - j\;41{,}96$	$0{,}03 - j\,0{,}02$	$45{,}67 - j\;41{,}98$
$+\dot I_{AB} = 53{,}81 - j\;51{,}05$	$0{,}04 - j\,0{,}02$	$53{,}85 - j\;51{,}07$
$+\dot I_{ANL} = 37{,}28 - j\;33{,}14$	$0{,}02 - j\,0{,}01$	$37{,}30 - j\;33{,}15$
$136{,}73 - j\,126{,}15$	$0{,}09 - j\,0{,}05$	$136{,}82 - j\,126{,}20$
Diff. $0{,}09 - j\;0{,}05$		
$\dot I_{Ges} = 136{,}82 - j\,126{,}20$		

b) Knotenpunkt E

$$\begin{array}{rcl} \dot I_{AE} & = & 45{,}67 - j\,41{,}98 \\ -\dot I_{EB} & = & 2{,}90 - j\,5{,}27 \\ \hline & & 42{,}77 - j\,36{,}71 \\ -\dot I_E & = & 17{,}33 - j\,14{,}36 \\ \hline \dot I_{EG} & = & 25{,}44 - j\,22{,}35 \end{array}$$

c) Leitung E..W

$$\begin{array}{rcl} \dot I_{EG} & = & 25{,}44 - j\,22{,}35 \\ -\dot I_G & = & 21{,}17 - j\,19{,}24 \\ \hline \dot I'_W & = & 4{,}27 - j\,3{,}11 \end{array}$$

d) Knotenpunkt B

$$\begin{array}{rcl} \dot I_{AB} & = & 53{,}85 - j\,51{,}07 \\ -\dot I_{EB} & = & 2{,}90 - j\,5{,}27 \\ \hline \text{Zufluß:} & & 56{,}75 - j\,56{,}34 \\ -\dot I_B & = & 34{,}68 - j\,37{,}40 \\ \hline \dot I_{BL} & = & 22{,}07 - j\,18{,}94 \\ & = & 29{,}08\,e^{-j\,40{,}66^\circ} \end{array}$$

e) Leitung A..N..S..L

$$\begin{array}{rcl} \dot I_{AL} & = & 37{,}30 - j\,33{,}15 \\ -\dot I_N & = & 13{,}48 - j\,10{,}81 \\ \hline & & 23{,}82 - j\,22{,}34 \\ -\dot I_S & = & 11{,}54 - j\,9{,}26 \\ \hline \dot I_{SL} & = & 12{,}28 - j\,13{,}08 \end{array}$$

f) Knotenpunkt L

$$\begin{array}{rcl} \dot I_{SL} & = & 12{,}28 - j\,13{,}08 \\ +\dot I_{BL} & = & 22{,}07 - j\,18{,}94 \\ \hline \text{Zufluß:} & & 34{,}35 - j\,32{,}02 \\ -\dot I_L & = & 23{,}18 - j\,22{,}34 \\ \hline \dot I''_W & = & 11{,}17 - j\,9{,}68 = 14{,}78\,e^{-j\,40{,}9^\circ} \end{array}$$

g) Abnehmer W

$$\begin{array}{rcl} \dot I'_W & = & 4{,}27 - j\,3{,}11 \\ -\dot I_W & = & 11{,}17 - j\,9{,}68 \\ \hline \dot I_W & = & 15{,}44 - j\,12{,}79 \end{array}$$

Die Teilströme des Abnehmers W ergeben unter g) den richtigen Wert von $\dot I_W$. Die Stromverteilung ist demnach richtig.

8. Ermittlung der tiefsten Spannung

Die tiefste Spannung ist bei dem zweiseitig gespeisten Abnehmer W. Der Spannungsverlust bis dorthin ist:

a) Spannungsverlust A...L

$$\begin{aligned} \Delta\dot U_{BL} &= \dot I_{BL}\cdot\dot Z_{BL} = 29{,}08\,e^{-j\,40{,}66^\circ}\cdot 25\cdot 0{,}362\,e^{j\,70{,}6^\circ} = 264{,}0\,e^{j\,29{,}94^\circ} \\ &= 264{,}0\cdot(0{,}8665 + j\,0{,}4991) = 228{,}8 + j\,131{,}8 \\ &\quad + \underline{\Delta\dot U_{AB} = 669{,}5 + j\,342{,}7} \\ &\quad \Delta\dot U_{AL} = 898{,}3 + j\,474{,}5 \end{aligned}$$

b) Spannungsverlust A...W

$$\begin{aligned} \Delta\dot U_{LW} &= \dot I''_W\cdot\dot Z_{LW} = 14{,}78\,e^{-j\,40{,}9^\circ}\cdot 18\cdot 0{,}362\,e^{j\,70{,}6^\circ} = 96{,}1\,e^{j\,28{,}01^\circ} \\ &= 96{,}1\cdot(0{,}8686 + j\,0{,}4955) = 83{,}5 + j\,47{,}7 \\ &\quad + \Delta\dot U_{AL} = \underline{898{,}3 + j\,342{,}7} \\ &\quad \Delta\dot U_{AW} = 981{,}8 + j\,522{,}2 \\ &\quad = \underline{\underline{1112\,e^{j\,28{,}01}}} \end{aligned}$$

$$\underline{\underline{\Delta U_{AW} = 1{,}112\ \text{kV}}}$$

c) Prozentualer Spannungsverlust

Gleichung (62) nach dem prozentualen Spannungsverlust umgestellt:

$$p_U = \frac{100\cdot\Delta U\cdot\sqrt{3}}{U_E} = \frac{100\cdot 1112\cdot 1{,}73}{30\,000} = \underline{\underline{6{,}4\%}}$$

Da bis zu 9% Spannungsverlust zugelassen waren, genügt dieser Wert vollkommen.

5. Berechnung der Kapazität von Leitungen

a) Kapazität von Freileitungen

Ableitung der Grundgleichungen

Die Ladung q eines Leitungsdrahtes kann man sich auf seine Länge l gleichmäßig verteilt denken. Man spricht in diesem Fall von einer Linienladung. Der von der Leitung ausgehende Verschiebungsfluß ist gleich seiner Ladung. Die Verschiebung eines Leiterabschnitts von der Länge $l = 1$ km $= 10^5$ cm ist für einen Punkt im Abstand r [cm]:

$$\mathfrak{D} = \frac{q}{F} = \frac{q}{2 \cdot \pi \cdot r \cdot l} = \frac{q}{2 \cdot \pi \cdot r} \cdot 10^{-5} \left[\frac{\text{As}}{\text{cm}^2} \text{je km}\right] \quad (106)$$

Das Feldlinienbild des Leiters (Abb. 35) zeigt, daß die Feldlinien radial vom Leiter fort gerichtet sind. Die elektrische Feldstärke ist:

$$\mathfrak{E} = \frac{\mathfrak{D}}{\varepsilon} = \frac{q}{2 \cdot \pi \cdot r \cdot \varepsilon} \cdot 10^{-5} \left[\frac{\text{V}}{\text{km}}\right] \quad (107)$$

Abb. 35. Elektrisches Feldlinienbild eines geraden Leiters

Setzt man für die absolute Dielektrizitätskonstante:

$$\varepsilon = \varepsilon_r \cdot \varepsilon_0 \quad (108)$$

und berücksichtigt, daß für Luft die relative Dielektrizitätskonstante $\varepsilon_r = 1$ ist, so enthält die Gl. (107) nur die Verschiebungskonstante ε_0. Für diese ihren Wert $\varepsilon_0 = 0{,}8859 \cdot 10^{-13}$ eingesetzt, ergibt die Feldstärke:

$$\mathfrak{E} = \frac{q \cdot 10^{-5}}{2 \cdot \pi \cdot r \cdot 0{,}8859 \cdot 10^{-13}} = \frac{2 \cdot 9 \cdot 10^6 \cdot q}{r} \left[\frac{\text{V}}{\text{km}}\right] \quad (109)$$

Es ergibt sich, daß die Feldstärke dem Abstand r umgekehrt proportional ist, also mit zunehmender Entfernung vom Leiter abnimmt, wie es auch aus dem Feldlinienbild Abb. 35 hervorgeht: die Feldliniendichte, von der die Feldstärke abhängt, wird mit zunehmender Entfernung geringer. Nimmt die Entfernung um den Betrag dr zu, so muß das Potential, bezogen auf einen entfernten Punkt, abnehmen, also

$$-du = \mathfrak{E} \cdot dr = 2 \cdot 9 \cdot 10^6 \cdot q \frac{dr}{r} \quad (110)$$

Das gesamte Potential erhält man durch Integration dieser Gleichung:

$$u = 2 \cdot 9 \cdot 10^6 \cdot q \cdot \ln r + K \quad (111)$$

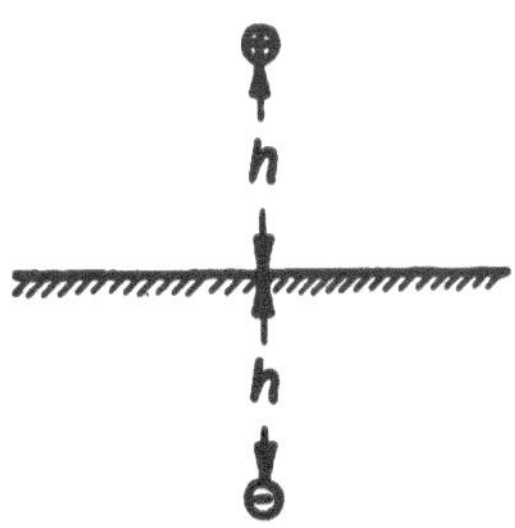

Abb. 36. Spiegelbildliche Anordnung eines Leiters zur Berücksichtigung des Erdpotentials

Da der Leiter parallel zur Erdoberfläche im Abstand h verläuft, befindet er sich nicht unbeeinflußt im Raum. Um diesen Einfluß auf den Leiter zu berücksichtigen, kann man sich einen zweiten Leiter mit entgegengesetzter gleicher Ladung $-q$ im Abstand h unter der Erdoberfläche gleichermaßen als Spiegelbild des Leiters vorstellen, wie es Abb. 36 zeigt [1], [2], [3]. Dann wird das Potential des Leiters:

$$u = [-(2 \cdot 9 \cdot 10^6 \cdot \ln r)\, q + (2 \cdot 9 \cdot 10^6 \cdot \ln r) \cdot q] + K \quad (112)$$

Da das Potential der Erde gleich null ist, die Werte in der eckigen Klammer sich gegenseitig aufheben, wird die Integrationskonstante:

$$K = 0$$

Bei mehreren parallel zur Erdoberfläche verlaufenden Leitungen werden diese im allgemeinen verschiedene Potentiale haben. Der Einfluß der Erdoberfläche kann auch hier durch spiegelbildliche Anordnung der Leiter unter der Erdoberfläche berücksichtigt werden, wie es Abb. 37 für 3 Leiter zeigt. Das Potential für einen Punkt auf der Oberfläche des Leiters 1 wird entsprechend Gl. (112):

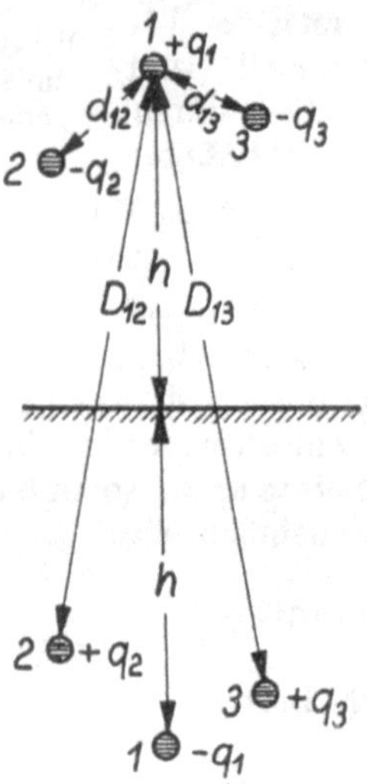

Abb. 37. Spiegelbildliche Anordnung dreier Leiter

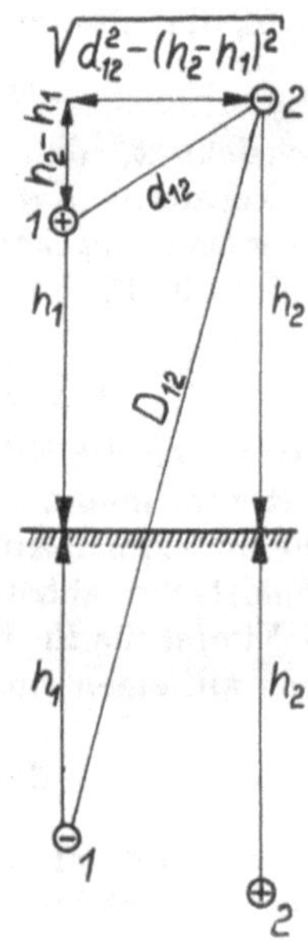

Abb. 38. Zwei Leiter und ihre spiegelbildliche Anordnung

$$\begin{aligned} u_1 = &- [2 \cdot 9 \cdot 10^6 \cdot \ln r_1] \cdot q_1 - [2 \cdot 9 \cdot 10^6 \cdot \ln d_{12}] \cdot q_2 - [2 \cdot 9 \cdot 10^6 \cdot \ln d_{13}] \cdot q_3 \\ &+ [2 \cdot 9 \cdot 10^6 \cdot \ln 2 h_1] \cdot q_1 + [2 \cdot 9 \cdot 10^6 \cdot \ln D_{12}] \cdot q_2 + [2 \cdot 9 \cdot 10^{-6} \ln D_{13}] \cdot q_3 \end{aligned} \tag{113}$$

Streng genommen gelten die verschiedenen Abstände von einem Punkt auf der Oberfläche des Leiters 1 bis zum Mittelpunkt des anderen. Da aber die Leiterradien sehr klein sind gegenüber den Leiterabständen, so können alle Abstände von den Leiterachsen aus gemessen werden. Faßt man in Gl. (113) die untereinander stehenden Logarithmen der gleichen Ladungen zusammen, so vereinfacht sich die Gleichung:

$$u_1 = \left[2 \cdot 9 \cdot 10^6 \cdot \ln\left(\frac{2 \cdot h_1}{r_1}\right)\right] q_1 + \left[2 \cdot 9 \cdot 10^6 \cdot \ln\left(\frac{D_{12}}{d_{12}}\right)\right] \cdot q_2 + \left[2 \cdot 9 \cdot 10^6 \cdot \ln\left(\frac{D_{13}}{d_{13}}\right)\right] \cdot q_3 \quad (114)$$

Für die Potentiale der anderen Leiter ergeben sich entsprechende Gleichungen.

Um die Entfernungen D der Leiter mit den Abständen h_1, h_2 und h_3 über der Erdoberfläche von den unter der Erdoberfläche gedachten nur durch die Höhen h auszudrücken, sind in Abb. 38 zwei Leiter 1 und 2 aufgezeichnet. Mit Hilfe des pythagoräischen Lehrsatzes ist mit den eingeschriebenen Abständen:

$$D_{12}^2 = [2 \cdot h_1 + (h_2 - h_1)]^2 + \left[\sqrt{d_{12}^2 - (h_2 - h_1)^2}\right]^2$$

$$D_{12} = \sqrt{4 \cdot h_1 \cdot h_2 + d_{12}^2}$$

und das Verhältnis:

$$\frac{D_{12}}{d_{12}} = \sqrt{\frac{4 \cdot h_1 \cdot h_2}{d_{12}^2} + 1} \quad (115)$$

Mit diesem Wert wird der Logarithmus:

$$\ln\left(\frac{D_{12}}{d_{12}}\right) = \frac{1}{2} \cdot \ln\left(\frac{4 \cdot h_1 \cdot h_2}{d_{12}^2} + 1\right) \quad (116)$$

Setzt man diesen Wert in die Gl. (114) für das Potential ein, so wird:

$$u_1 = \left[2 \cdot 9 \cdot 10^6 \cdot \ln\left(\frac{2 \cdot h_1}{r_1}\right)\right] \cdot q_1 + \left[9 \cdot 10^6 \cdot \ln\left(\frac{4 \cdot h_1 \cdot h_2}{d_{12}^2} + 1\right)\right] \cdot q_2 + \left[9 \cdot 10^6 \cdot \ln\left(\frac{4 \cdot h_1 \cdot h_3}{d_{13}^2} + 1\right)\right] \cdot q_3 \quad (117)$$

Da von den Koeffizienten vor den Ladungen, in eckigen Klammern zusammengefaßt, bei gegebener Leiteranordnung die Potentiale der Leiter abhängen, werden sie allgemein als

Potentialkoeffizienten

bezeichnet. Es sind für sie folgende Bezeichnungen [3], [4] üblich:

$$\left.\begin{aligned} a_{11} &= 2 \cdot 9 \cdot 10^6 \cdot \ln\left(\frac{2 \cdot h_1}{r_1}\right) \qquad a_{22} = 2 \cdot 9 \cdot 10^6 \cdot \ln\left(\frac{2 \cdot h_2}{r_2}\right) \\ a_{33} &= 2 \cdot 9 \cdot 10^6 \cdot \ln\left(\frac{2 \cdot h_3}{r_3}\right) \end{aligned}\right\} \quad (118)$$

$$\left.\begin{aligned} a_{12} = a_{21} &= 9 \cdot 10^6 \cdot \ln\left(\frac{4 \cdot h_1 \cdot h_2}{d_{12}^2} + 1\right) \\ a_{23} = a_{32} &= 9 \cdot 10^6 \cdot \ln\left(\frac{4 \cdot h_2 \cdot h_3}{d_{23}^2} + 1\right) \\ a_{31} = a_{13} &= 9 \cdot 10^6 \cdot \ln\left(\frac{4 \cdot h_3 \cdot h_1}{d_{31}^2} + 1\right) \end{aligned}\right\} \quad (119)$$

Mit Hilfe dieser Potentialkoeffizienten ergeben sich die Potentiale der drei Leiter:

$$\left.\begin{aligned} u_1 &= a_{11} \cdot q_1 + a_{12} \cdot q_2 + a_{13} \cdot q_3 \\ u_2 &= a_{21} \cdot q_1 + a_{22} \cdot q_2 + a_{23} \cdot q_3 \\ u_3 &= a_{31} \cdot q_1 + a_{32} \cdot q_2 + a_{33} \cdot q_3 \end{aligned}\right\} \quad (120)$$

Die Gleichungen der Potentiale und die der Werte der Potentialkoeffizienten (118) und (119) ermöglichen es, die Kapazitäten für die verschiedenen Leitersysteme zu ermitteln.

Einphasenleitungen

In Abb. 39 ist eine Einphasenleitung angedeutet, bei der, wie es die Regel ist, beide Leiter mit gleichem Durchmesser nebeneinander aufgehängt sind. Dadurch werden die Höhen:

$$h_1 = h_2 = h \quad (121)$$

und die Radien:

$$r_1 = r_2 = r \quad (122)$$

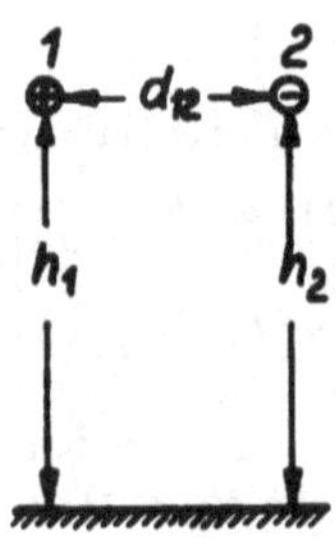

Abb. 39.
Einphasenleitung

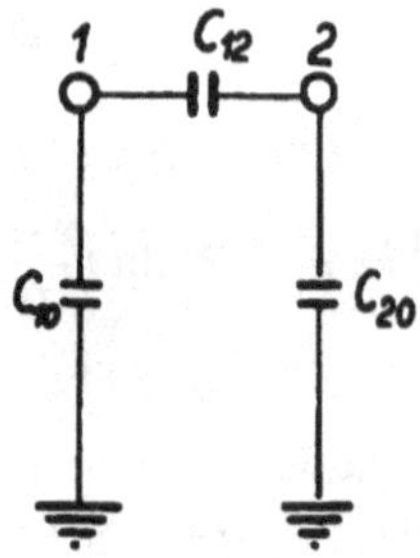

Abb. 40.
Teilkapazitäten einer Einphasenleitung

Entsprechend der Gl. (120) sind die Potentiale der beiden Leitungen:

$$\left.\begin{aligned} u_1 &= a_{11} \cdot q_1 + a_{12} \cdot q_2 \\ u_2 &= a_{21} \cdot q_1 + a_{22} \cdot q_2 \end{aligned}\right\} \quad (123)$$

Infolge der gleichen Höhen und Radien sind die Potentialkoeffizienten einander gleich:

$$a_{11} = a_{22}$$

Demnach:

$$\left.\begin{aligned} u_1 &= a_{11} \cdot q_1 + a_{12} \cdot q_2 \\ u_2 &= a_{12} \cdot q_1 + a_{11} \cdot q_2 \end{aligned}\right\} \quad (124)$$

Diese beiden Gleichungen werden nach den beiden unbekannten Ladungen q_1 und q_2 aufgelöst, indem man sie voneinander subtrahiert und etwas umformt. Es ergeben sich folgende Werte:

$$q_1 = \frac{a_{11} - a_{12}}{a_{11}^2 - a_{12}^2} \cdot u_1 + \frac{a_{12}}{a_{11}^2 - a_{12}^2} \cdot (u_1 - u_2) \tag{125a}$$

und entsprechend:

$$q_2 = \frac{a_{11} - a_{12}}{a_{11}^2 - a_{12}^2} \cdot u_2 + \frac{a_{12}}{a_{11}^2 - a_{12}^2} \cdot (u_2 - u_1) \tag{125b}$$

Nach der Lehre vom elektrischen Feld ist die Ladung eines Leiters stets gleich dem Produkt aus Kapazität und Spannung, also

$$Q = C \cdot U \tag{126}$$

Demnach haben die Koeffizienten vor den Spannungswerten in den Gl. (125) die Eigenschaft von Kapazitäten. Sie werden bezeichnet:

$$C_{10} = C_{20} = \frac{a_{11} - a_{12}}{a_{11}^2 - a_{12}^2} = \frac{1}{a_{11} + a_{12}} = C_E \tag{127}$$

und:

$$C_{12} = \frac{a_{12}}{a_{11}^2 - a_{12}^2} \tag{128}$$

Damit wird die Ladung, Gl. (125a):

$$q_1 = C_{10} \cdot u_1 + C_{12} \cdot (u_1 - u_2) \tag{129}$$

Die Gl. (129) zeigt, daß bei der Einphasenleitung Teilkapazitäten auftreten, die in Abb. 40 angedeutet sind: je eine Kapazität C_{10} bzw. C_{20} zwischen Leiter und Erde, man bezeichnet sie als Erdkapazität C_E, und eine Kapazität zwischen den beiden Leitern C_{12}, die Gegenkapazität genannt wird. Die Ladung des Leiters 1 wird daher gebildet durch die an der Spannung u_1 des Leiters gegen Erde liegende Erdkapazität C_{10} und die an der Spannung $(u_1 - u_2)$ zwischen den Leitern liegende Gegenkapazität C_{12}. Bei im Betrieb befindlicher Leitung fließen in den beiden Leitern entgegengesetzt gerichtete Ströme. Für den die Leitung speisenden Generator könnten die Teilkapazitäten ersetzt werden durch einen Kondensator mit der Kapazität:

$$C_B = C_{12} + \frac{C_{10} \cdot C_{20}}{C_{10} + C_{20}} \tag{130}$$

da zwischen den Leitern eine Parallelschaltung von C_{12} und den in Reihe liegenden Erdkapazitäten C_{10} und C_{20} besteht[1]). Man bezeichnet diese für die Leitungsberechnung und den Betrieb wichtige Kapazität als

[1]) Die Kapazitäten parallel geschalteter Kondensatoren werden addiert, die hintereinander geschalteter nach der Gleichung $C_{Ges} = \dfrac{1}{\dfrac{1}{C_1} + \dfrac{1}{C_2} + \dfrac{1}{C_3} + \cdots}$ berechnet.

Betriebskapazität C_B

Für die durch Abb. 40 gegebene Einphasenleitung ist $C_{10} = C_{20}$, also wird die Betriebskapazität für die in gleicher Höhe aufgehängte Leitung

$$C_B = C_{12} + \frac{C_E}{2} \tag{131}$$

Setzt man in Gl. (131) die Potentialkoeffizienten Gl. (127) und (128) ein, so ergibt sich

$$\begin{aligned} C_B &= \frac{a_{12}}{a_{11}^2 - a_{12}^2} + \frac{1}{2\cdot(a_{11} + a_{12})} \\ &= \frac{2\cdot a_{12} + a_{11} - a_{12}}{2\cdot(a_{11}^2 - a_{12}^2)} \end{aligned}$$

und nach einigen Umformungen:

$$C_B = \frac{1}{2\cdot(a_{11} - a_{12})} \tag{132}$$

Mit den Werten der Potentialkoeffizienten, Gl. (118) und (119) erhält man unter Berücksichtigung, daß $h_1 = h_2$ ist, Gl. (121) und (122):

$$C_B = \frac{1}{2\cdot 2\cdot 9\cdot 10^6\cdot \ln\left(\frac{2\cdot h}{r}\right) - 2\cdot 9\cdot 10^6\cdot \ln\left[\sqrt{\left(\frac{2\cdot h}{d}\right)^2 + 1}\right]}$$

$$C_B = \frac{1}{36\cdot 10^6\cdot \ln\left(\frac{\frac{2\cdot h}{r}}{\sqrt{\left(\frac{2\cdot h}{d}\right)^2 + 1}}\right)}$$

und nach weiteren Umformungen:

$$C_B = \frac{1}{36\cdot 10^6\cdot \ln\left[\frac{d}{r}\cdot\frac{1}{\sqrt{1 + \left(\frac{d}{2\cdot h}\right)^2}}\right]} \left[\frac{\mathrm{F}}{\mathrm{km}}\right] \tag{133}$$

Bei den im Verhältnis zum Abstand über der Erdoberfläche meist großen Längen kann bei Einphasenleitungen in der Regel der Einfluß der Erdkapazität vernachlässigt werden, d. h. in Gl. (133) kann der sehr kleine Betrag, den die Wurzel im Nenner ergibt, fortgelassen werden. Mit dieser Vereinfachung ist schließlich die Betriebskapazität:

$$C_B = \frac{1}{36\cdot 10^6\cdot \ln\left(\frac{d}{r}\right)} \left[\frac{\mathrm{F}}{\mathrm{km}}\right] \tag{134}$$

Beispiel 15

Für die Einphasenleitung des Beispiels 6 sind die verschiedenen Kapazitäten zu berechnen, wenn die Aufhängepunkte der Leiter 11 m über der Erdoberfläche liegen, wie Abb. 41 es zeigt!

Lösung:

Im Beispiel 6 waren gegeben:

Abstand $d = 2{,}6$ m $= 260$ cm Querschnitt $q = 150$ mm²

Radius $r = 0{,}79$ cm

1. Berechnung der Potentialkoeffizienten

Die Potentialkoeffizienten werden

nach Gl. (118):

$$a_{11} = 2 \cdot 9 \cdot 10^6 \cdot \ln\left(\frac{2 \cdot h}{r}\right) = 18 \cdot 10^6 \cdot \ln\left(\frac{2 \cdot 1100}{0{,}79}\right)$$
$$= 18 \cdot 10^6 \cdot \ln \cdot 2789$$
$$a_{11} = 18 \cdot 10^6 \cdot 7{,}9334 = \underline{143 \cdot 10^6}$$

nach Gl. (119):

$$a_{12} = 9 \cdot 10^6 \cdot \ln\left[\left(\frac{2 \cdot h}{d}\right)^2 + 1\right] = 9 \cdot 10^6 \cdot \ln\left[\left(\frac{2 \cdot 1100}{260}\right)^2 + 1\right]$$
$$a_{12} = 9 \cdot 10^6 \cdot \ln[71{,}59 + 1] = 9 \cdot 10^6 \cdot \ln 72{,}59 = 9 \cdot 10^6 \cdot 4{,}2848$$
$$a_{12} = \underline{38{,}6 \cdot 10^6}$$

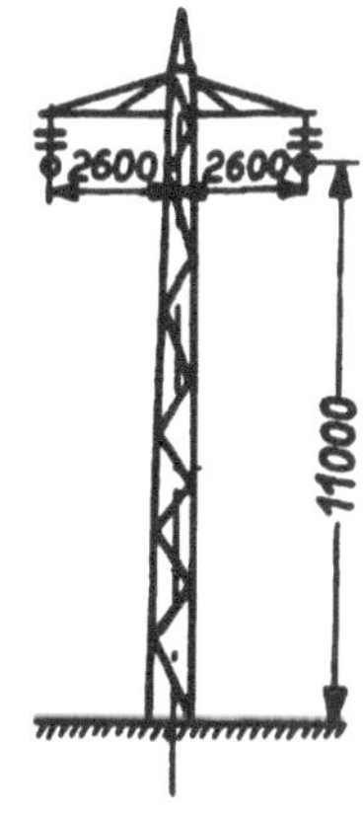

Abb. 41. Mastbild der Einphasenleitung zum Beispiel 15

2. Berechnung der Kapazitäten

Die Erdkapazität ergibt sich aus Gl. (127):

$$C_E = \frac{1}{a_{11} + a_{12}} = \frac{1}{143 \cdot 10^6 + 38{,}6 \cdot 10^6} = \underline{\underline{0{,}0055 \cdot 10^{-6}\,\frac{\text{F}}{\text{km}}}}$$

Die Gegenkapazität berechnet sich nach Gl. (128):

$$C_{12} = \frac{a_{12}}{a_{11}^2 - a_{12}^2} = \frac{38{,}6 \cdot 10^6}{(143^2 - 38{,}6^2) \cdot 10^{12}} = \underline{\underline{0{,}00204 \cdot 10^{-6}\,\frac{\text{F}}{\text{km}}}}$$

Die Betriebskapazität ist nach Gl. (131):

$$C_B = C_{12} + \frac{C_E}{2} = 0{,}00204 \cdot 10^{-6} + \frac{0{,}0055}{2} \cdot 10^{-6} = \underline{\underline{0{,}00479 \cdot 10^{-6}\,\frac{\text{F}}{\text{km}}}}$$

Zur Kontrolle soll die Betriebskapazität nach Gl. (133) und (134) berechnet werden. Nach Gl. (133) ist:

$$C_B = \frac{1}{36 \cdot 10^6 \cdot \ln\left[\frac{d}{r}\,\frac{1}{\sqrt{1 + \left(\frac{d}{2 \cdot h}\right)^2}}\right]} = \frac{1}{36 \cdot 10^6 \cdot \ln\left[\frac{260}{0{,}79}\,\frac{1}{\sqrt{1 + \left(\frac{260}{2 \cdot 1100}\right)^2}}\right]}$$
$$= \frac{1}{36 \cdot 10^6 \cdot \ln\left[320\,\frac{1}{\sqrt{1 + 0{,}118^2}}\right]} = \frac{1}{36 \cdot 10^6 \cdot \ln\frac{329}{\sqrt{1{,}0139}}}$$

Der Wert der Wurzel ist ung. 1 und damit die Betriebskapazität:

$$C_B = \frac{1}{36 \cdot 10^6 \cdot \ln 329} = \frac{1}{36 \cdot 10^6 \cdot 5{,}79606} = = 0{,}00479 \cdot 10^{-6} \frac{\mathrm{F}}{\mathrm{km}}$$

der gleiche Wert wie vorher mit Hilfe der Gl. (131). Diesen erhält man auch nach Gl. (134):

$$C_B = \frac{1}{36 \cdot 10^6 \cdot \ln\left(\frac{d}{r}\right)} = \frac{1}{36 \cdot 10^6 \cdot \ln 329} = 0{,}00479 \cdot 10^{-6} \frac{\mathrm{F}}{\mathrm{km}}$$

Es bestätigt sich, was zum Schluß des vorigen Abschnitts für Einphasenleitungen gesagt wurde, daß der Einfluß der Erdkapazität vernachlässigbar klein ist.

Verdrillte Drehstrom-Einfachleitungen ohne Erdseil

Wie schon auf Seite 40 bei der Berechnung der Induktivität von verdrillten Leitungen angegeben wurde, wird infolge der Verdrillung der mittlere Abstand d_m der drei Leiter nach Gl. (90) ermittelt. Ganz ähnlich wird auch für die drei Höhen der Mittelwert:

$$h_m = \sqrt[3]{h_1 \cdot h_2 \cdot h_3} \tag{135}$$

errechnet. Der Durchhang, und damit die verschiedenen Höhen der Leiter über dem Erdboden, ändert so wenig, daß allgemein für h_1, h_2 und h_3 die Höhen der Aufhängepunkte der Leiter am Mast verwendet werden können. Soll genauer gerechnet werden, so können die einzelnen Höhen H_1, H_2 und H_3 der Leiter nach folgender Gleichung bestimmt werden:

$$H = h - 0{,}7 \cdot f \tag{136}$$

Dieser Wert entspricht etwa dem Schwerpunkt der durchhängenden Leitung. Darin bedeuten h die Höhen der Aufhängepunkte der drei Seile und f ihr Durchhang bei $+10^0$ C. Mit den aus Gl. (136) ermittelten drei Werten wird nach Gl. (135) die mittlere Höhe berechnet.

Durch Einführen des mittleren Abstandes d_m und der mittleren Höhe h_m und der Tatsache, daß die Radien der drei Seile gleich sind, werden die Potentialkoeffizienten Gl. (118) und (119):

$$\left.\begin{aligned} a_{11} = a_{22} = a_{33} &= 2 \cdot 9 \cdot 10^6 \cdot \ln\left(\frac{2 \cdot h_m}{r}\right) \\ a_{12} = a_{23} = a_{31} &= 9 \cdot 10^6 \cdot \ln\left[\left(\frac{2 \cdot h_m}{d_m}\right)^2 + 1\right] \end{aligned}\right\} \tag{137}$$

Damit ändern sich die Gl. (120) für die Potentiale der Leitungen:

$$\left.\begin{aligned} u_1 &= a_{11} \cdot q_1 + a_{12} \cdot q_2 + a_{12} \cdot q_3 \\ u_2 &= a_{12} \cdot q_1 + a_{11} \cdot q_2 + a_{12} \cdot q_3 \\ u_3 &= a_{12} \cdot q_1 + a_{12} \cdot q_2 + a_{11} \cdot q_3 \end{aligned}\right\} \tag{138}$$

Aus einer der drei Gleichungen läßt sich die Betriebskapazität einer verdrillten Drehstrom-Einfachleitung ableiten, z. B. aus der ersten. Diese kann vereinfacht werden:

$$u_1 = a_{11} \cdot q_1 + a_{12} \cdot (q_2 + q_3)$$

Bei einem symmetrischen Drehstromsystem ist die Summe der Ladungen:

$$q_1 + q_2 + q_3 = 0 \tag{139}$$

also:

$$q_2 + q_3 = -q_1 \tag{139a}$$

Wird dieser Wert eingesetzt, so ergibt sich das Potential:

$$u_1 = a_{11} \cdot q_1 - a_{12} \cdot q_1 = (a_{11} - a_{12}) \cdot q_1$$

Aus der bei der Ableitung der Betriebskapazität von Einphasenleitungen angeführten Grundgleichung (126) ergibt sich die Betriebskapazität einer verdrillten Drehstrom-Einfachleitung:

$$C_B = \frac{q_1}{u_1} = \frac{q_1}{(a_{11} - a_{12}) \cdot q_1}$$

$$C_B = \frac{1}{a_{11} - a_{12}} \tag{140}$$

Ist es nötig, getrennt die Erd- und die Gegenkapazität zu ermitteln, so lassen sich, wie bei der Einphasenleitung, aus den Gl. (138) die drei unbekannten Ladungen ermitteln. Um die Ladung q_1 des Leiters 1 zu bestimmen, der die Spannung u_1 gegen Erde, die Spannung $(u_1 - u_2)$ gegen den Leiter 2 und die Spannung $(u_1 - u_3)$ gegen den Leiter 3 besitzt, wird zuerst die zweite und die dritte Gleichung von der ersten abgezogen; dann ergeben sich:

$$\begin{aligned} u_1 &= a_{11} \cdot q_1 + a_{12} \cdot q_2 + a_{12} \cdot q_3 \\ u_1 - u_2 &= (a_{11} - a_{12}) \cdot q_1 + (a_{12} - a_{11}) \cdot q_2 + (a_{12} - a_{12}) \cdot q_3 \\ u_1 - u_3 &= (a_{11} - a_{12}) \cdot q_1 + (a_{12} - a_{12}) \cdot q_2 + (a_{12} - a_{11}) \cdot q_3 \end{aligned}$$

Um den Koeffizienten der gesuchten Ladung q_1 zu vereinfachen, werden die zweite und die dritte Gleichung mit $\frac{a_{12}}{a_{11} - a_{12}}$ multipliziert:

$$\begin{aligned} u_1 &= a_{11} \cdot q_1 + a_{12} \cdot q_2 + a_{12} \cdot q_3 \\ \frac{a_{12}}{a_{11} - a_{12}} (u_1 - u_2) &= a_{12} \cdot q_1 + \frac{(a_{12} - a_{11}) \cdot a_{12}}{a_{11} - a_{12}} \cdot q_2 + 0 \\ \frac{a_{12}}{a_{11} - a_{12}} (u_1 - u_3) &= a_{12} \cdot q_1 + 0 + \frac{(a_{12} - a_{11}) \cdot a_{12}}{a_{11} - a_{12}} \cdot q_3 \end{aligned}$$

Die gesamte Ladung des Leiters 1 erhält man durch Addition aller drei Gleichungen:

$$u_1 + \frac{a_{12}}{a_{11} - a_{12}} \cdot (u_1 - u_2) + \frac{a_{12}}{a_{11} - a_{12}} \cdot (u_1 - u_3) = (a_{11} + 2 \cdot a_{12}) \cdot q_1$$

$$+ a_{12} + \frac{(a_{12} - a_{11}) \cdot a_{12}}{a_{11} - a_{12}} \cdot q_2 + a_{12} + \frac{(a_{12} - a_{11}) \cdot a_{12}}{a_{11} - a_{12}} \cdot q_3$$

Rechnet man die Koeffizienten von q_2 und q_3 aus, so ergeben beide null, so daß die Ladung des Leiters 1 ist:

$$\frac{1}{a_{11} + 2 \cdot a_{12}} \cdot u_1 + \frac{a_{12}}{(a_{11} - a_{12}) \cdot (a_{11} + 2 \cdot a_{12})} \cdot (u_1 - u_2)$$

$$+ \frac{a_{12}}{(a_{11} - a_{12}) \cdot (a_{11} + 2 \cdot a_{12})} \cdot (u_1 - u_3)$$

Wie bei den Einphasenleitungen angegeben, sind die Koeffizienten vor den Spannungen Kapazitäten. Für die Teilkapazitäten (Abb. 42) werden wieder gesetzt:

$$\text{Erdkapazität } C_E = C_{10} = \frac{1}{a_{11} + 2 \cdot a_{12}} \tag{141}$$

$$\text{Gegenkapazität } C_{12} = \frac{a_{12}}{(a_{11} - a_{12})} \cdot \frac{1}{a_{11} + 2 \cdot a_{12}} = \frac{a_{12}}{a_{11} - a_{12}} \cdot C_E \tag{142}$$

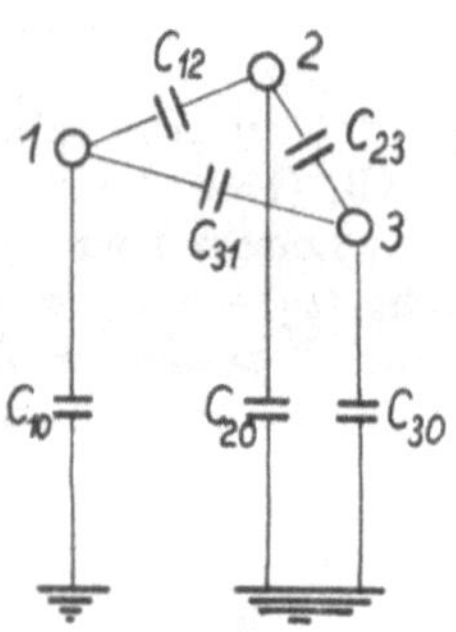

Abb. 42. Teilkapazitäten einer Drehstrom-Freileitung

Mit diesen Abkürzungen ist die Ladung:

$$q_1 = C_{10} \cdot u_1 + C_{12} \cdot (u_1 - u_2) + C_{12} \cdot (u_1 - u_3) \tag{143}$$

noch etwas umgeformt:

$$q_1 = C_{10} \cdot u_1 + C_{12} \cdot (u_1 - u_2 + u_1 - u_3)$$

$$= C_{10} \cdot u_1 + C_{12} \cdot (2 \cdot u_1 - u_2 - u_3) \tag{143a}$$

Da für jedes symmetrische Drehstromsystem:

$$u_1 + u_2 + u_3 = 0 \tag{144}$$

ist, wird:

$$u_1 = - u_2 - u_3 \tag{144a}$$

Diesen Wert in Gleichung für die Ladung eingesetzt (143a), ergibt:

$$q_1 = C_{10} \cdot u_1 + C_{12} \cdot 3 \cdot u_1 = (C_{10} + 3 \cdot C_{12}) \cdot u_1$$

Hieraus ergibt sich unter Berücksichtigung von Gl. (126) die Betriebskapazität einer verdrillten Drehstrom-Einfachleitung:

$$C_B = C_{10} + 3 \cdot C_{12} \tag{145}$$

die also sowohl nach dieser, als auch nach Gl. (140) berechnet werden kann.

Beispiel 16

Wie groß sind die drei Kapazitäten der verdrillten Hochspannungsleitung des Beispiels 8, wenn die Seile in einer Höhe von 8,5 m aufgehängt sind?

Lösung:

Gegeben im Beispiel 8: $d_m = 1{,}7\ \text{m} = 170\ \text{cm}$ $\qquad r = 0{,}625\ \text{cm}$

1. Berechnung der Potentialkoeffizienten

Da alle drei Leiter nebeneinander in gleicher Höhe aufgehängt sind, ist die mittlere Höhe

$$h_m = h = 850\ \text{cm}$$

Die Potentialkoeffizienten ergeben sich nach Gl. (137):

$$a_{11} = 2 \cdot 9 \cdot 10^6 \cdot \ln\left(\frac{2 \cdot h}{r}\right) = 18 \cdot 10^6 \cdot \ln\left(\frac{2 \cdot 850}{0{,}625}\right) = 18 \cdot 10^6 \cdot \ln 2720$$

$$a_{11} = 18 \cdot 10^6 \cdot 7{,}9084 = \underline{142{,}4 \cdot 10^6}$$

$$a_{12} = 9 \cdot 10^6 \cdot \ln\left[\left(\frac{2 \cdot h}{d_m}\right)^2 + 1\right] = 9 \cdot 10^6 \cdot \ln\left[\left(\frac{2 \cdot 850}{170}\right)^2 + 1\right] = 9 \cdot 10^6 \cdot \ln 101$$

$$a_{12} = 9 \cdot 10^6 \cdot 4{,}6151 = \underline{41{,}5 \cdot 10^6}$$

2. Berechnung der Kapazitäten

Die Erdkapazität ist nach Gl. (141):

$$C_E = \frac{1}{a_{11} + 2 \cdot a_{12}} = \frac{1}{142{,}4 \cdot 10^6 + 2 \cdot 41{,}5 \cdot 10^6} = \frac{10^{-6}}{225{,}4}$$

$$\underline{\underline{C_E = 0{,}004\,436 \cdot 10^{-6}\,\frac{\text{F}}{\text{km}}}}$$

Die Gegenkapazität ist nach Gl. (142):

$$C_{12} = \frac{a_{12}}{a_{11} - a_{12}} \cdot C_E = \frac{41{,}5 \cdot 10^{-6}}{142{,}4 \cdot 10^6 - 41{,}5 \cdot 10^6} \cdot 0{,}004\,436 \cdot 10^{-6}\,\frac{\text{F}}{\text{km}}$$

$$= \frac{41{,}5 \cdot 10^6}{100{,}9 \cdot 10^6}\,0{,}004\,436 \cdot 10^{-6} =$$

$$\underline{\underline{C_{12} = 0{,}001\,825 \cdot 10^{-6}\,\frac{\text{F}}{\text{km}}}}$$

Die Betriebskapazität kann entweder nach Gl. (140):

$$C_B = \frac{1}{a_{11} - a_{12}} = \frac{1}{142{,}4 \cdot 10^6 - 41{,}5 \cdot 10^6} = \frac{1}{100{,}9 \cdot 10^6}$$

$$\underline{\underline{C_B = 0{,}009\,91 \cdot 10^{-6}\,\frac{\text{F}}{\text{km}}}}$$

oder nach Gl. (145) berechnet werden:

$$C_B = C_E + 3 \cdot C_{12} = 0{,}004\,436 \cdot 10^6 + 3 \cdot 0{,}001\,825 \cdot 10^6 = \underline{\underline{0{,}009\,91 \cdot 10^{-6}\,\frac{\text{F}}{\text{km}}}}$$

Verdrillte Drehstrom-Doppelleitungen ohne Erdseil

Wie bei der Berechnung der Induktivität dieser Leiteranordnung (S. 41) angegeben wurde, beeinflussen sich beide Leitersysteme der Doppelleitung gegenseitig. Das Potential des Leiters 1 im System I ergibt sich aus der Gl. (138) zu:

$$u_1 = a_{11} \cdot q_1 + a_{12} \cdot q_2 + a_{12} \cdot q_3$$

Dazu kommt noch die Beeinflussung des Leiters 1 durch das zweite Leitersystem. Werden die gleichen Bezeichnungen für die Abstände wie in Abb. 23 benutzt, so erhält man damit sinngemäß die Potentialkoeffizienten des Leiters 1 mit den drei Leitern 1', 2' und 3' des Systems II:

$$a_{11'} \quad a_{12'} \quad a_{13'}$$

Auch hier ist, wie im vorigen Abs. dargelegt,

$$a_{12'} = a_{13'}$$

Entsprechend der Gl. (137) ergeben sich für diese Potentialkoeffizienten die Werte:

$$a_{11'} = 9 \cdot 10^6 \cdot \ln \left[\left(\frac{2 \cdot h_m}{d''}\right)^2 + 1\right] \tag{146a}$$

$$a_{12'} = 9 \cdot 10^6 \cdot \ln \left[\left(\frac{2 \cdot h_m}{d'}\right)^2 + 1\right] \tag{146b}$$

Für die bei der Verdrillung α anzuwendenden Mittelwerte d' und d'' der einzelnen Abstände zwischen dem Leiter 1 und den Leitern des Systems II gelten die bei der Berechnung der Induktivität abgeleiteten Gl. (93) u. (94). Für die Verdrillung β ist der mittlere Abstand:

$$d' = d'' = \sqrt[9]{d_{11'} \cdot d_{21'} \cdot d_{31'} \cdot d_{12'} \cdot d_{22'} \cdot d_{32'} \cdot d_{13'} \cdot d_{23'} \cdot d_{33'}} \tag{147}$$

Mit den Potentialkoeffizienten der Gl. (146a) und (146b) erhält man das gesamte Potential des Leiters 1:

$$u_1 = a_{11} \cdot q_1 + a_{12} \cdot q_2 + a_{12} \cdot q_3 + a_{11'} \cdot q_1 + a_{12'} \cdot q_2 + a_{12'} \cdot q_3 \tag{148}$$

Diese Gleichung läßt sich noch etwas zusammenfassen:

$$u_1 = (a_{11} + a_{11'}) \cdot q_1 + (a_{12} + a_{12'}) \cdot q_2 + (a_{12} + a_{12'}) \cdot q_3 \tag{148a}$$

Für die runden Klammern sind folgende Bezeichnungen üblich

$$A_{11} = (a_{11} + a_{11'}) \tag{149}$$

$$A_{12} = (a_{12} + a_{12'}) \tag{150}$$

Damit ergibt sich das Potential des Leiters 1:

$$u_1 = A_{11} \cdot q_1 + A_{12} \cdot q_2 + A_{12} \cdot q_3 \tag{151}$$

Entsprechend den Gl. (141) und (142) ist bei einer verdrillten Drehstrom-Doppelleitung die

$$\text{Erdkapazität} \quad C_E = \frac{1}{A_{11} + 2 \cdot A_{12}} \tag{152}$$

$$\text{Gegenkapazität} \quad C_{12} = \frac{A_{12}}{A_{11} - A_{12}} C_E \tag{153}$$

und entsprechend Gl. (140) die

$$\text{Betriebskapazität} \quad C_B = \frac{1}{A_{11} - A_{12}} \tag{154}$$

oder nach Gl. (145):

$$C_B = C_E + 3 \cdot C_{12} \tag{145}$$

Einfach- und Doppelleitungen mit Erdseil

Durch die an den Mastspitzen verlegten Erdseile wird die Kapazität der Leitersysteme beeinflußt. In den folgenden Tafeln 3 und 4 sind die sich dadurch ergebenden Potentialkoeffizienten für Anordnungen mit 1 bis

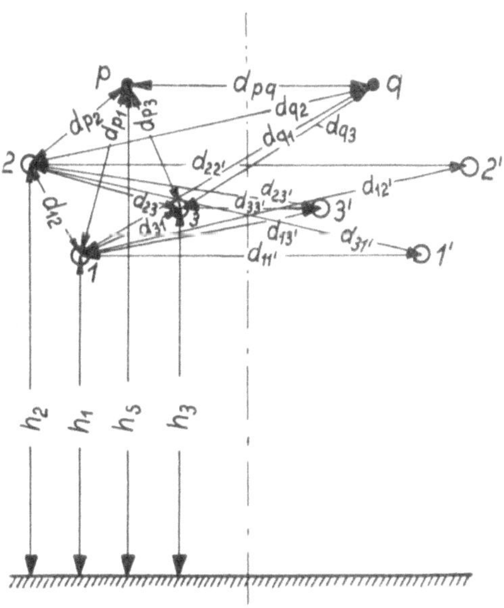

Abb. 43. Abstände und Höhen einer Drehstrom-Doppelleitung

3 Erdseilen zusammengestellt. Zur besseren Übersicht sind auch die bereits abgeleiteten Werte für Einfach- und Doppelleitungen nochmals aufgeführt. In Abb. 43 sind alle Abstände und Höhen eingezeichnet. Es wurden berechnet:

$$d_m = \sqrt[3]{d_{12} \cdot d_{23} \cdot d_{31}} \quad (90)$$

$$h_m = \sqrt[3]{h_1 \cdot h_2 \cdot h_3} \quad (135)$$

worin:

$$h_{1,2,3} = H_{1,2,3} - 0{,}7 \cdot f \quad (136)$$

bei Verdrillung α:

$$d' = \sqrt[3]{d_{12'} \cdot d_{23'} \cdot d_{31'}} \quad (93)$$

$$d'' = \sqrt[3]{d_{11'} \cdot d_{22'} \cdot d_{33'}} \quad (94)$$

bei Verdrillung β:

$$d' = d'' = \sqrt[9]{d_{11'} \cdot d_{21'} \cdot d_{31'} \cdot d_{12'} \cdot d_{22'} \cdot d_{32'} \cdot d_{13'} \cdot d_{23'} \cdot d_{33'}} \quad (147)$$

Betriebskapazität $C_B = \dfrac{1}{A_{11} - A_{12}} = C_E + 3 \cdot C_{12}$ (154) (145)

Erdkapazität $C_E = \dfrac{1}{A_{11} + 2 \cdot A_{12}}$ (152)

Gegenkapazität $C_{12} = \dfrac{A_{12}}{A_{11} - A_{12}} \cdot C_E$ (153)

Tafel 3. Elektrische Potentialkoeffizienten für Einfach- und Doppelleitungen ohne und mit Erdseilen [4]

	ohne Erdseil	Gl.Nr.	mit Erdseil	Gl.Nr.
Einfachleitung	$A_{11} = a_{11}$ $A_{12} = a_{12}$	(155) (156)	$A_{11} = a_{11} - a_s$ $A_{12} = a_{12} - a_s$	(157) (158)
Doppelleitung	$A_{11} = a_{11} + a_{11'}$ $A_{12} = a_{12} + a_{12'}$	(149) (150)	$A_{11} = a_{11} + a_{11'} - 2a_s$ $A_{12} = a_{12} + a_{12'} - 2a_s$	(159) (160)

Die aufgeführten Potentialkoeffizienten haben folgende Werte:

$$\left.\begin{aligned} a_{11} &= 2 \cdot 9 \cdot 10^6 \cdot \ln\left(\frac{2 \cdot h_m}{r}\right) \\ a_{12} &= 9 \cdot 10^6 \cdot \ln\left[\left(\frac{2 \cdot h_m}{d_m}\right)^2 + 1\right] \end{aligned}\right\} \quad (137)$$

$$\left.\begin{aligned} a_{11}' &= 9 \cdot 10^6 \cdot \ln\left[\left(\frac{2 \cdot h_m}{d''}\right)^2 + 1\right] \\ a_{12}' &= 9 \cdot 10^6 \cdot \ln\left[\left(\frac{2 \cdot h_m}{d'}\right)^2 + 1\right] \end{aligned}\right\} \quad (146)$$

Der Potentialkoeffizient der Erdseile ist:

$$a_s = z \frac{a_{ls}^2}{a_{ss} + (z-1) \cdot a_{ps}} \quad (161)$$

wobei z die Anzahl der Erdseile bedeutet. Die darin aufgeführten Koeffizienten haben folgende Werte:

$$a_{1s} = 9 \cdot 10^6 \cdot \ln\left[\left(\frac{4 \cdot h_m \cdot h_s}{d_s'^2}\right) + 1\right] \tag{162}$$

$$a_{ps} = 9 \cdot 10^6 \cdot \ln\left[\left(\frac{2 \cdot h_s}{d_s}\right)^2 + 1\right] \tag{163}$$

$$a_{ss} = 2 \cdot 9 \cdot 10^6 \cdot \ln\left(\frac{2 \cdot h_s}{r_s}\right) \tag{164}$$

Entsprechend Abb. 43 bedeuten in diesen Gleichungen:

h_s = Höhe des Aufhängepunkts des Erdseils über der Erdoberfläche bzw. bei mehreren Erdseilen: Mittelwert derselben nach folgender Tafel 4

r_s = Radius des Erdseiles

d_s = Abstand zwischen den Erdseilen p und q bei 2 bzw. p, q und s bei 3 Erdseilen nach Tafel 4

d_s' = Mittelwert der Abstände zwischen den Leitern und den Erdseilen nach Tafel 4

Tafel 4. Höhen und Abstände der Erdseile [4]

z	h_s	Gl.Nr.	d_s	Gl.Nr.	d_s'	Gl.Nr.
1	h_s	—	—	—	$\sqrt[3]{d_{s1} \cdot d_{s2} \cdot d_{s3}}$	(168)
2	$\sqrt{h_p \cdot h_q}$	(165)	d_{pq}	—	$\sqrt[6]{d_{p1} \cdot d_{p2} \cdot d_{p3} \cdot d_{q1} \cdot d_{q2} \cdot d_{q3}}$	(169
3	$\sqrt[3]{h_p \cdot h_q \cdot h_s}$	(166)	$\sqrt[3]{d_{ps} \cdot d_{sq} \cdot d_{qp}}$	(167)	$\sqrt[9]{d_{p1} \cdot d_{p2} \cdot d_{p3} \cdot d_{s1} \cdot d_{s2} \cdot d_{s3} \cdot d_{q1} \cdot d_{q2} \cdot d_{q3}}$	(170

Beispiel 17

Für die Hochspannungs-Doppelleitung mit dem Mastbild Abb. 44, bestehend aus 6 Kupferseilen von je 95 mm² Querschnitt und 2 Erdseilen von je 50 mm² Stahlquerschnitt, sind die verschiedenen Kapazitäten für beide Verdrillungsarten α und β zu berechnen! Die Länge der Langstabilisatoren beträgt 1400 mm.

Lösung:

1. Ermittlung der Abstände und Höhen

Die Abstände werden, wie im Beispiel 9, aus rechtwinkligen Dreiecken ermittelt (vgl. Abb. 26).

Für den Mittelwert nach Gl. (90) sind die Abstände:

aus Abb. 44: $d_{12} = \underline{380 \text{ cm}}$

$$d_{13} = d_{23} = \sqrt{190^2 + 400^2} = 10^2 \cdot \sqrt{19{,}61} = \underline{443 \text{ cm}}$$

damit wird der Mittelwert:

$$d_m = \sqrt[3]{d_{12} \cdot d_{23} \cdot d_{31}} = 10^2 \cdot \sqrt[3]{3{,}8 \cdot 4{,}43 \cdot 4{,}43} = 10^2 \cdot \sqrt[3]{74{,}6} = \underline{\underline{421 \text{ cm}}}$$

Für den Mittelwert nach Gl. (93) sind die Abstände:

$$d_{12'} = 380 + 270 + 270 = \underline{920 \text{ cm}}$$

$$d_{23'} = \sqrt{400^2 + (270 + 270 + 190)^2} = 10^2 \cdot \sqrt{69{,}29} = \underline{832 \text{ cm}}$$

$$d_{31'} = \sqrt{400^2 + (380 + 270 + 270 + 190)^2} = 10^2 \cdot \sqrt{139{,}2} = \underline{1180 \text{ cm}}$$

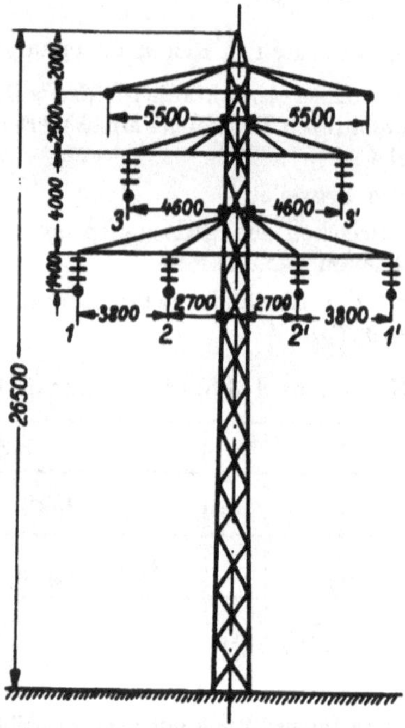

Abb. 44. Mast einer Drehstrom-Doppelleitung zum Beispiel 17

damit wird der Mittelwert:

$$d' = \sqrt[3]{d_{12'} \cdot d_{23'} \cdot d_{31'}} = 10^2 \cdot \sqrt[3]{9{,}2 \cdot 8{,}32 \cdot 11{,}8} = 10^2 \cdot \sqrt[3]{905} = \underline{\underline{967 \text{ cm}}}.$$

Für den Mittelwert nach Gl. (94) sind die Abstände:

$$d_{11'} = 380 + 270 + 270 + 380 = \underline{1300 \text{ cm}}$$

$$d_{22'} = 270 + 270 = \underline{540 \text{ cm}}$$

$$d_{33'} = 460 + 460 = \underline{920 \text{ cm}}$$

damit wird der Mittelwert:

$$d'' = \sqrt[3]{d_{11'} \cdot d_{22'} \cdot d_{33'}} = 10^2 \cdot \sqrt[3]{13 \cdot 5{,}4 \cdot 9{,}2} = 10^2 \cdot \sqrt[3]{645} = \underline{\underline{864 \text{ cm}}}$$

Für den Mittelwert nach Gl. (147) für die Verdrillung β sind die Abstände:

$$d_{11'} = \underline{1300\ \text{cm}} \qquad d_{21'} = d_{12'} = \underline{920\ \text{cm}} \qquad d_{31'} = d_{13'} = \underline{1180\ \text{cm}}$$

$$d_{12'} = \underline{920\ \text{cm}} \qquad d_{22'} = \underline{540\ \text{cm}} \qquad d_{32'} = d_{23'} = \underline{832\ \text{cm}}$$

$$d_{33'} = \underline{920\ \text{cm}}$$

damit wird der Mittelwert:

$$\begin{aligned} d' = d'' &= \sqrt[9]{d_{11'} \cdot d_{21'} \cdot d_{31'} \cdot d_{12'} \cdot d_{22'} \cdot d_{32'} \cdot d_{13'} \cdot d_{23'} \cdot d_{33'}} \\ &= 10^2 \cdot \sqrt[9]{13 \cdot 9{,}2 \cdot 11{,}8 \cdot 9{,}2 \cdot 5{,}4 \cdot 8{,}41 \cdot 11{,}8 \cdot 8{,}41 \cdot 9{,}2} \\ &= 10^2 \cdot \sqrt[9]{5{,}27 \cdot 10^8} = 10^2 \cdot \sqrt[3]{\sqrt[3]{527 \cdot 10^6}} = 10^2 \cdot \sqrt[3]{10^2 \cdot 8{,}08} \\ &= \underline{\underline{931\ \text{cm}}} \end{aligned}$$

Für die beiden Erdseile p und q ergeben sich folgende Abstände:

$$\begin{aligned} d_s &= d_{pq} = \underline{1100\ \text{cm}} \\ d_{p1} &= \sqrt{(400 + 250 + 140)^2 + (380 + 270 - 550)^2} = 10^2 \cdot \sqrt{63{,}41} = \underline{796\ \text{cm}} \\ d_{p2} &= \sqrt{(400 + 250 + 140)^2 + (550 - 270)^2} = 10^2 \cdot \sqrt{70{,}25} = \underline{838\ \text{cm}} \\ d_{p3} &= \sqrt{(250 + 140)^2 + (550 - 460)^2} = 10^2 \cdot \sqrt{16{,}02} = \underline{400\ \text{cm}} \\ d_{q1} &= \sqrt{(400 + 250 + 140)^2 + (380 + 270 + 550)^2} = 10^2 \cdot \sqrt{206{,}4} = \underline{1437\ \text{cm}} \\ d_{q2} &= \sqrt{(400 + 250 + 140)^2 + (550 + 270)^2} = 10^2 \cdot \sqrt{129{,}7} = \underline{1139\ \text{cm}} \\ d_{q3} &= \sqrt{(250 + 140)^2 + (550 + 460)^2} = 10^2 \cdot \sqrt{117{,}2} = \underline{1084\ \text{cm}} \end{aligned}$$

Der Mittelwert aus diesen 6 Abständen errechnet sich nach Gl. (169):

$$\begin{aligned} d' &= \sqrt[6]{d_{p1} \cdot d_{p2} \cdot d_{p3} \cdot d_{q1} \cdot d_{q2} \cdot d_{q3}} = 10^2 \cdot \sqrt[6]{7{,}96 \cdot 8{,}38 \cdot 4 \cdot 14{,}37 \cdot 11{,}39 \cdot 10{,}84} \\ &= 10^2 \cdot \sqrt[6]{47{,}3 \cdot 10^4} = 10^2 \cdot \sqrt[3]{10^2 \cdot \sqrt{47{,}3}} = 10^2 \cdot \sqrt[3]{687{,}8} = \underline{\underline{883\ \text{cm}}} \end{aligned}$$

Die Höhen der Leiter über der Erdoberfläche sind:

$$\begin{aligned} h_1 = h_2 &= 2650 - 200 - 250 - 400 - 140 = \underline{1660\ \text{cm}} \\ h_3 &= 2650 - 200 - 250 - 140 = \underline{2060\ \text{cm}} \end{aligned}$$

Aus diesen Höhen ergibt sich die mittlere Höhe nach Gl. (135):

$$h_m = \sqrt[3]{h_1 \cdot h_2 \cdot h_3} = 10^3 \cdot \sqrt[3]{1{,}66 \cdot 1{,}66 \cdot 2{,}06} = 10^3 \cdot \sqrt[3]{5{,}68} = \underline{\underline{1784\ \text{cm}}}$$

Die Höhe der Erdseile ist:

$$h_s = 2650 - 200 = \underline{\underline{2450\ \text{cm}}}$$

2. Berechnung der Potentialkoeffizienten

Nach Tafel 5, Spalte 3, Teil 1, S. 16 hat ein Cu-Seil von 95 mm² Querschnitt einen Durchmesser von 12,5 mm, also $r = 0{,}625$ cm.

Nach Gl. (137) sind die Potentialkoeffizienten:

$$a_{11} = 2 \cdot 9 \cdot 10^6 \cdot \ln\left(\frac{2 \cdot h_m}{r}\right) = 18 \cdot 10^6 \cdot \ln\left(\frac{2 \cdot 1784}{0{,}625}\right) = 18 \cdot 10^6 \cdot \ln 5710$$

$$a_{11} = 18 \cdot 10^6 \cdot 8{,}65 = \underline{155{,}7 \cdot 10^6}$$

$$a_{12} = 9 \cdot 10^6 \cdot \ln \left[\left(\frac{2 \cdot h_m}{d_m} \right)^2 + 1 \right] = 9 \cdot 10^6 \cdot \ln \left[\left(\frac{2 \cdot 1784}{421} \right)^2 + 1 \right] = 9 \cdot 10^6 \cdot \ln 72{,}8$$

$$a_{12} = 9 \cdot 10^6 \cdot 4{,}2888 = \underline{38{,}5 \cdot 10^6}$$

Für die Verdrillung α sind die Potentialkoeffizienten nach Gl. (146):

$$a_{11}' = 9 \cdot 10^6 \cdot \ln \left[\left(\frac{2 \cdot h_m}{d''} \right)^2 + 1 \right] = 9 \cdot 10^6 \cdot \ln \left[\left(\frac{2 \cdot 1784}{864} \right)^2 + 1 \right] = 9 \cdot 10^6 \cdot \ln 18{,}1$$

$$a_{11}' = 9 \cdot 10^6 \cdot 2{,}8959 = \underline{26{,}1 \cdot 10^6}$$

$$a_{12}' = 9 \cdot 10^6 \cdot \ln \left[\left(\frac{2 \cdot h_m}{d'} \right)^2 + 1 \right] = 9 \cdot 10^6 \cdot \ln \left[\left(\frac{2 \cdot 1784}{970} \right)^2 + 1 \right] = 9 \cdot 10^6 \cdot \ln 14{,}53$$

$$a_{12}' = 9 \cdot 10^6 \cdot 2{,}681 = \underline{24{,}1 \cdot 10^6}$$

Für die Verdrillung β ist:

$$a_{11}' = a_{12}' = 9 \cdot 10^6 \cdot \ln \left[\left(\frac{2 \cdot 1784}{931} \right)^2 + 1 \right] = 9 \cdot 10^6 \cdot \ln \cdot 15{,}68 = 9 \cdot 10^6 \; 2{,}7524$$

$$= \underline{24{,}8 \cdot 10^6}$$

Für die Erdseile ist nach Gl. (162):

$$a_{1s} = 9 \cdot 10^6 \cdot \ln \left[\frac{4 \cdot h_m \cdot h_s}{d_s'^2} + 1 \right] = 9 \cdot 10^6 \cdot \ln \left[\frac{4 \cdot 1784 \cdot 2450}{883^2} + 1 \right]$$

$$a_{1s} = 9 \cdot 10^6 \cdot \ln 23{,}41 = 9 \cdot 10^6 \cdot 3{,}1532 = \underline{28{,}4 \cdot 10^6}$$

nach Gl. (163):

$$a_{ps} = 9 \cdot 10^6 \cdot \ln \left[\left(\frac{2 \cdot h_s}{d_s} \right)^2 + 1 \right] = 9 \cdot 10^6 \cdot \ln \left[\left(\frac{2 \cdot 2450}{1100} \right)^2 + 1 \right]$$

$$a_{ps} = 9 \cdot 10^6 \cdot \ln 20{,}8 = 9 \cdot 10^6 \cdot 3{,}0349 = \underline{27{,}3 \cdot 10^6}$$

Nach Tafel 5, Spalte 3, Teil 1, S. 16 hat ein Stahlseil mit einem Querschnitt von 50 mm² einen Durchmesser von 9 mm, also einen Radius $r_s = 0{,}45$ cm.

Nach Gl. (164) ist

$$a_{ss} = 2 \cdot 9 \cdot 10^6 \cdot \ln \left(\frac{2 \cdot h_s}{r_s} \right) = 18 \cdot 10^6 \cdot \ln \left(\frac{2 \cdot 2450}{0{,}45} \right) = 18 \cdot 10^6 \cdot \ln \; 10880$$

$$a_{ss} = 18 \cdot 10^6 \cdot 9{,}29467 = \underline{167 \cdot 10^6}$$

Aus den drei berechneten Koeffizienten wird der Potentialkoeffizient der beiden Erdseile nach Gl. (161) ermittelt:

$$a_s = z \cdot \frac{a_{1s}^2}{a_{ss} + (z-1) \cdot a_{ps}} = 2 \cdot \frac{28{,}4^2 \cdot 10^{12}}{167 \cdot 10^6 + (2-1) \cdot 27{,}3 \cdot 10^6}$$

$$a_s = \frac{2 \cdot 807 \cdot 10^6}{194{,}3} = \underline{8{,}3 \cdot 10^6}$$

Die zur Berechnung der Kapazitäten erforderlichen Potentialkoeffizienten ergeben sich aus der Tafel 3.

Für Verdrillung α ist nach Gl. (159):

$$A_{11} = a_{11} + a_{11}' - 2 \cdot a_s = 155{,}7 \cdot 10^6 + 26{,}1 \cdot 10^6 - 2 \cdot 8{,}3 \cdot 10^6$$

$$\underline{\underline{A_{11} = 165{,}2 \cdot 10^6}}$$

nach Gl. (160):

$$A_{12} = a_{12} + a_{12}' - 2 \cdot a_s = 38{,}6 \cdot 10^6 + 24{,}1 \cdot 10^6 - 2 \cdot 8{,}3 \cdot 10^6$$

$$\underline{\underline{A_{12} = 46 \cdot 10^6}}$$

Für Verdrillung β:

$$A_{11} = 115{,}7 \cdot 10^6 + 24{,}8 \cdot 10^6 - 2 \cdot 8{,}3 \cdot 10^6 = \underline{\underline{163{,}9 \cdot 10^6}}$$

$$A_{12} = 38{,}5 \cdot 10^6 + 24{,}8 \cdot 10^6 - 2 \cdot 8{,}3 \cdot 10^6 = \underline{\underline{46{,}8 \cdot 10^6}}$$

3. Berechnung der Kapazitäten

Die Betriebskapazität ist nach Gl. (154)
für Verdrillung α:

$$C_B = \frac{1}{A_{11} - A_{12}} = \frac{1}{165{,}2 \cdot 10^6 - 46 \cdot 10^6} = \frac{10^{-6}}{119{,}2}$$

$$\underline{\underline{C_B = 0{,}008\,39 \cdot 10^{-6}\ \frac{\mathrm{F}}{\mathrm{km}}}}$$

für Verdrillung β:

$$C_B = \frac{1}{163{,}8 \cdot 10^6 - 46{,}6 \cdot 10^6} = \frac{10^{-6}}{117{,}2}$$

$$\underline{\underline{C_B = 0{,}008\,54 \cdot 10^{-6}\ \frac{\mathrm{F}}{\mathrm{km}}}}$$

Die Erdkapazität ist nach Gl. (152)
für Verdrillung α:

$$C_E = C_{10} = \frac{1}{A_{11} + 2 \cdot A_{12}} = \frac{1}{165{,}2 \cdot 10^6 + 2 \cdot 46 \cdot 10^6} = \frac{10^{-6}}{257{,}2}$$

$$\underline{\underline{C_E = 0{,}003\,89 \cdot 10^{-6}\ \frac{\mathrm{F}}{\mathrm{km}}}}$$

für Verdrillung β:

$$C_E = C_{10} = \frac{1}{163{,}8 \cdot 10^6 + 2 \cdot 46{,}8 \cdot 10^6} = \frac{10^{-6}}{257{,}5}$$

$$\underline{\underline{C_E = 0{,}003\,88 \cdot 10^{-6}\ \frac{\mathrm{F}}{\mathrm{km}}}}$$

Die Gegenkapazität ist nach Gl. (153)
für Verdrillung α:

$$C_{12} = \frac{A_{12}}{A_{11} - A_{12}} \cdot C_E = \frac{46 \cdot 10^6}{165{,}2 \cdot 10^6 - 46 \cdot 10^6} \cdot 0{,}003\,89 \cdot 10^{-6}$$

$$\underline{\underline{C_{12}}} = \frac{46}{119{,}2} \cdot 0{,}003\,89 \cdot 10^{-6} = \underline{\underline{0{,}001\,5 \cdot 10^{-6}\ \frac{\mathrm{F}}{\mathrm{km}}}}$$

für Verdrillung β:

$$C_{12} = \frac{46{,}8 \cdot 10^6}{163{,}9 \cdot 10^6 - 46{,}8 \cdot 10^6} \cdot 0{,}003\,88 \cdot 10^{-6} = \frac{46{,}8}{117{,}2} \cdot 0{,}003\,88 \cdot 10^{-6}$$

$$C_{12} = 0{,}001\,55 \cdot 10^{-6}\ \frac{\mathrm{F}}{\mathrm{km}}$$

b) Kapazität von Kabeln

Einleiterkabel

Nach der im vorigen Abschnitt für die Freileitungen durchgeführten Ableitung ist nach Gl. (109) unter Berücksichtigung, daß bei Kabeln die relative Dielektrizitätskonstante ε_r nicht gleich eins wie bei den Freileitungen ist, sondern von den Isolierstoffen des Kabels abhängt ($\varepsilon_r = 3{,}7 \ldots 4{,}2$), die elektrische Feldstärke:

$$\mathfrak{E} = \frac{2 \cdot 9 \cdot 10^6 \cdot q}{r \cdot \varepsilon_r} \tag{171}$$

Die Feldstärke an einem Punkt im Abstand r_x vom Leiter ist:

$$\mathfrak{E}_x = \frac{18 \cdot 10^6 \cdot q}{r_x \cdot \varepsilon_r}$$

Die Spannung zwischen diesem Punkt und dem Leiter ergibt sich zu:

$$u = \int \mathfrak{E} \cdot dr_x \tag{172}$$

Bezeichnet $\mathfrak{E}$ die Feldstärke eines Einleiterkabels zwischen Leiter und Bleimantel, r den Radius des Leiters, so verhalten sich, da die Feldstärke mit größer werdender Entfernung abnimmt:

$$\mathfrak{E}_x : \mathfrak{E} = r : r_x \tag{173}$$

also:

$$\mathfrak{E}_x = \frac{r}{r_x}\,\mathfrak{E} \tag{173a}$$

Um die gesamte Spannung zwischen dem Leiter mit dem Radius r und dem Bleimantel mit dem Radius R zu erhalten, muß Gl. (172) zwischen $r_x = r$ und $r_x = R$ integriert werden:

$$u = \int\limits_{r_x = r}^{r_x = R} \frac{r}{r_x} \cdot \mathfrak{E} \cdot dr_x = r \cdot \mathfrak{E} \cdot \int\limits_r^R \frac{dr_x}{r_x}$$

$$u = r \cdot \mathfrak{E} \cdot \ln \frac{R}{r} \tag{174}$$

Setzt man den Wert der Feldstärke Gl. (171) ein, so wird:

$$u = \frac{18 \cdot 10^6 \cdot r \cdot q}{r \cdot \varepsilon_r} \ln \frac{R}{r}$$

$$u = \frac{18 \cdot 10^6}{\varepsilon_r} \cdot \ln\left(\frac{R}{r}\right) \cdot q \tag{175}$$

Mit Gl. (126) ergibt sich hieraus die Betriebskapazität eines Einleiterkabels:

$$C_B = \frac{\varepsilon_r}{18 \cdot 10^6 \cdot \ln\left(\frac{R}{r}\right)} \left[\frac{\text{F}}{\text{km}}\right] \tag{176}$$

oder, da die Kapazität der Kabel meist in μF angegeben wird:

$$C_B = \frac{\varepsilon_r}{18 \cdot \ln \cdot \left(\frac{R}{r}\right)} \left[\frac{\mu\text{F}}{\text{km}}\right] \tag{176a}$$

Dreileiter-Gürtelkabel

Bei Dreileiter Gürtelkabeln treten wie bei den Drehstrom-Freileitungen 6 Teilkapazitäten auf, die in Abb. 45 eingezeichnet sind. Die Betriebskapazität eines solchen Kabels ergibt sich nach Petersen aus folgender Gleichung:

$$C_B = \frac{0{,}11 \cdot \varepsilon_r}{\ln\left[\left(\frac{d}{r}\right)^2 \cdot \frac{[(\sqrt{3} \cdot R)^2 - d^2]^3}{(\sqrt{3} \cdot R)^6 - d^6}\right]} \left[\frac{\mu\text{F}}{\text{km}}\right] \tag{177}$$

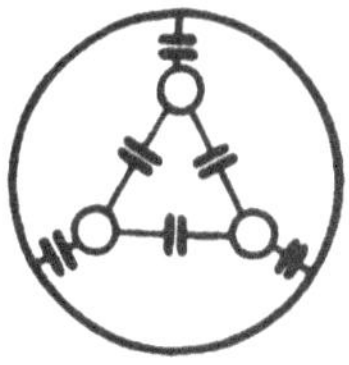

Abb. 45. Teilkapazitäten eines Drehstromkabels

Dreimantelkabel und Kabel mit metallisierten Adern

Infolge der Erdung der einzelnen Mäntel bzw. der Metallisierung der Adern ist die Betriebskapazität solcher Kabel gleich der von Einleiterkabeln, also

$$C_B = \frac{\varepsilon_r}{18 \cdot 10^6 \cdot \ln\left(\frac{R}{r}\right)} \left[\frac{\text{F}}{\text{km}}\right] \tag{176}$$

wobei R den Radius des Bleimantels einer Kabelader bzw. den Radius der Metallisierung bedeutet.

Für Kabel werden die Kapazitätswerte meist durch Messung bestimmt und in Kurvenbildern festgelegt, wie Abb. 46 für Gürtelkabel[1]) und Abbildung 47 für Dreimantelkabel[1]) es zeigen.

Beispiel 18

Der Innenradius des Bleimantels einer Ader eines Dreimantelkabels $3 \cdot 95$ mm² Cu beträgt 24 mm. Wie groß ist die Betriebskapazität des Kabels, wenn die relative Dielektrizitätskonstante der Kabelisolation den Wert $\varepsilon_r = 4$ besitzt?

Lösung:

Nach Tafel 5, Spalte 3, Teil 1, S. 16 hat ein Cu-Querschnitt von 95 mm² einen Durchmesser von 12,5 mm, also $r = 0{,}625$ cm.

[1]) Entnommen der AEG-Schrift: Rechnungsgrößen für Hochspannungsanlagen [4].

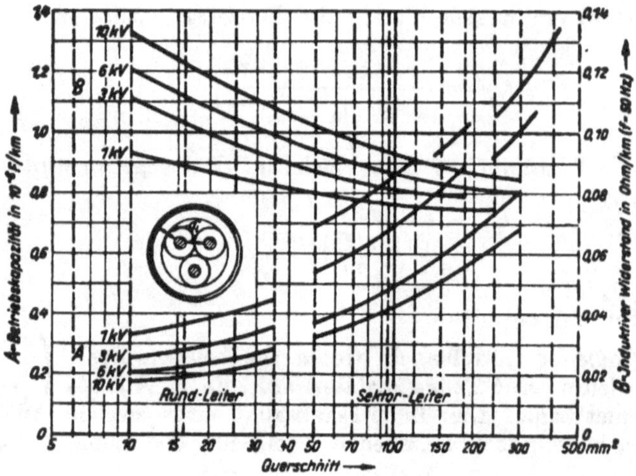

Abb. 46. Drehstrom-Gürtelkabel. Betriebskapazität (Linienschar A) und induktiver Widerstand (Linienschar B) je Leiter

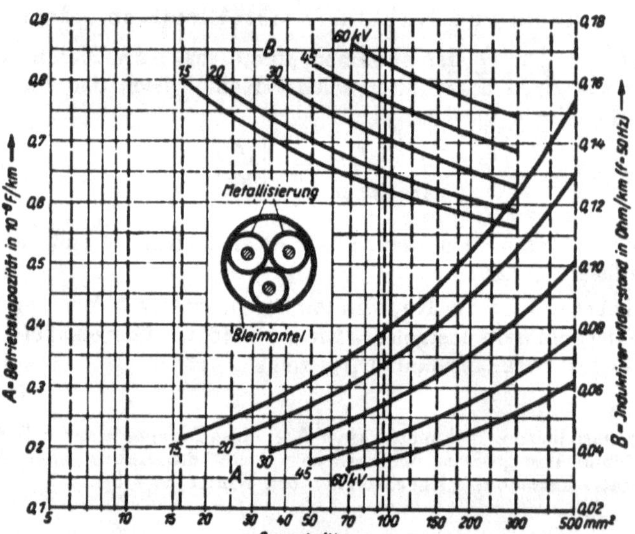

Abb. 47. Dreimantelkabel und Drehstrom-H-Kabel. Betriebskapazität (Linienschar A) und induktiver Widerstand (Linienschar B) je Leiter

Nach Gl. (176a) ist die Betriebskapazität:

$$C_B = \frac{\varepsilon_r}{18 \cdot \ln\left(\frac{R}{r}\right)} = \frac{4}{18 \cdot \ln\left(\frac{2{,}4}{0{,}625}\right)} = \frac{2}{9 \cdot \ln 3{,}84} = \frac{2}{9 \cdot 1{,}34547}$$

$$C_B = 0{,}165\,1 \cdot \frac{\mu\mathrm{F}}{\mathrm{km}} = 0{,}165\,1 \cdot 10^{-6}\,\frac{\mathrm{F}}{\mathrm{km}}$$

Beachte den Unterschied in der Größenordnung der Betriebskapazität von Freileitungen (Beispiel 16 und 17) und von Kabeln (Beispiel 18)!

6. Leitungen mit induktiver oder kapazitiver Belastung mit Berücksichtigung der Induktivität und Kapazität der Leitungen

a) Einfluß der Kapazität

Der Einfluß der Kapazität macht sich, wie schon mehrfach erwähnt wurde, bei Freileitungen für Mittelspannungen nur bei größeren Längen bemerkbar. Für Speiseleitungen, d. h. Leitungen, die mit Hoch- und Höchstspannungen über weite Entfernungen große elektrische Energien übertragen, ist der Einfluß der Betriebskapazität stets zu berücksichtigen. Das gleiche gilt für Kabelleitungen jeder Spannung mit Ausnahme der für Niederspannungsleitungen.

Die Kapazität einer Leitung ist gleichmäßig auf ihre ganze Länge verteilt. Zur vereinfachten Leitungsberechnung denkt man sich die eine Hälfte der Betriebskapazität am Ende, die andere am Anfang der Leitung zusammengefaßt. Bis zu einer Leitungslänge von ung. 200 km erhält man mit dieser Vereinfachung gute Ergebnisse. Ist die Leitungslänge größer, so unterteilt man sie in Abschnitte von je 200 km Länge, an deren Anfang und Ende man einen entsprechenden Teil der Betriebskapazität anordnet.

Das Ersatzschaltbild eines solchen Leitungsabschnittes für einen Strang einer Drehstromleitung ist in Abb. 48 wiedergegeben. Es ist eine Erweiterung der Abb. 27b, die das Ersatzschaltbild einer Einphasenleitung nur mit Induktivität ohne Leitungskapazität darstellt. Die Kapazität erfordert einen Ladestrom. Dieser ergibt sich für die Teilkapazität $\frac{C_B}{2}$ am Ende der Leitung bei Drehstrom zu:

$$I'_C = U_{St_E} \cdot \omega \cdot \frac{C_B}{2} \tag{178}$$

Dieser Kapazitätsstrom ist ein der Spannung am Ende $\dot{U}_{St_E}$ um 90° voreilender Blindstrom, in komplexer Form geschrieben:

$$\dot{I}'_C = I'_C\, e^{j\,90°} \tag{178a}$$

Das Zeigerdiagramm der Leitung ist in Abb. 49 wiedergegeben und zwar wie in Abb. 28 für den Fall, daß $\dot{U}_{St_A}$ der Spannung $\dot{U}_{St_E}$ voreilt (Ab-

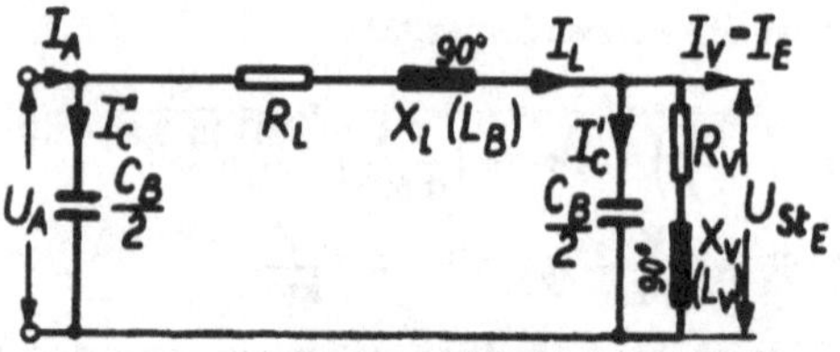

Abb. 48. Ersatzschaltbild einer Drehstromleitung mit Leitungs-Induktivität und -Kapazität

bildung 49a) oder nacheilt (Abb. 49b). Zum Verbraucherstrom $\dot{I}_V = \dot{I}_E$,

der bei induktiver Belastung um den Winkel φ_E der Spannung $\dot{U}_{St_E}$ nacheilt, addiert sich der voreilende Blindstrom $\dot{I}'_C$; beide ergeben zusammen den Leitungsstrom:

$$\dot{I}_L = \dot{I}_E + \dot{I}'_C = I_L\, e^{\mp j\varphi_L} \tag{179}$$

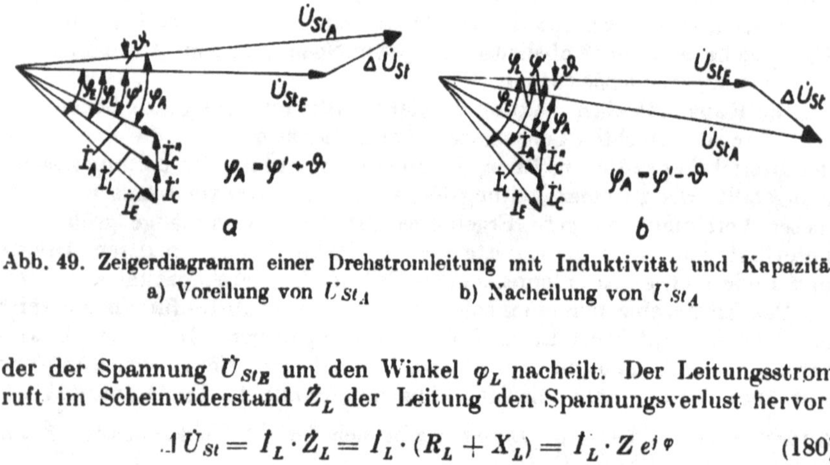

Abb. 49. Zeigerdiagramm einer Drehstromleitung mit Induktivität und Kapazität
a) Voreilung von $\dot{U}_{St_A}$ b) Nacheilung von $\dot{U}_{St_A}$

der der Spannung $\dot{U}_{St_E}$ um den Winkel φ_L nacheilt. Der Leitungsstrom ruft im Scheinwiderstand $\dot{Z}_L$ der Leitung den Spannungsverlust hervor:

$$\Delta\dot{U}_{St} = \dot{I}_L \cdot \dot{Z}_L = \dot{I}_L \cdot (R_L + X_L) = \dot{I}_L \cdot Z\, e^{j\varphi} \tag{180}$$

Wie schon auf S. 47 erläutert (Abb. 28 für Einphasenleitung), ist die Spannung am Anfang der Leitung die Summe der Spannung am Ende und des Spannungsverlustes:

$$\dot{U}_{St_A} = \dot{U}_{St_E} + \Delta\dot{U}_{St} = U_{St_A}\, e^{\mp j\vartheta} \tag{181}$$

wobei wieder, wie die Diagramme 49a und b zeigen, bei Voreilung von $\dot{U}_{St_E}$ gegen $\dot{U}_{St_E}$ das +-Zeichen, bei Nacheilung das —-Zeichen zu setzen ist.

Der Ladestrom am Anfang der Leitung:

$$I_C'' = U_{St_A} \cdot \omega \cdot \frac{C_B}{2} \tag{182}$$

in komplexer Form geschrieben:

$$\dot{I}_C'' = I_C''\, e^{j(90^\circ \pm \vartheta)} \tag{182a}$$

eilt der Spannung $\dot{U}_{St_A}$ um 90^0, der Spannung am Ende $\dot{U}_{St_E}$ um den Winkel $(90^0 + \vartheta)$ voraus. In den meisten Fällen ist der Winkel ϑ gegenüber 90^0 so klein, daß er vernachlässigt, also mit:

$$\dot{I}_C'' = I_C'' e^{j\,90^\circ} \tag{182b}$$

gerechnet werden kann. Durch Addition dieses Ladestroms zum Leitungsstrom $\dot{I}_L$ erhält man den Strom am Anfang der Leitung:

$$\dot{I}_A = \dot{I}_L + \dot{I}_C'' = I_A\, e^{j\varphi'} \tag{183}$$

Der Phasenverschiebungswinkel φ_A dieses Stromes gegen seine Spannung U_{St_A} ist schließlich, wie die Diagramme Abb. 49a und b zeigen:

$$\varphi_A = \varphi' \pm \vartheta \tag{184}$$

Je nach Größe der Betriebskapazität eilt der Strom nach, wie in den Diagrammen Abb. 49, oder auch vor, was vor allem bei Kabeln möglich ist. In Abb. 50 ist das Zeigerdiagramm für Voreilung des Stromes aufgezeichnet (Abb. 50a), wenn U_{St_A} der Spannung U_{St_E} voreilt; Abb. 50b, wenn U_{St_A} nacheilt.

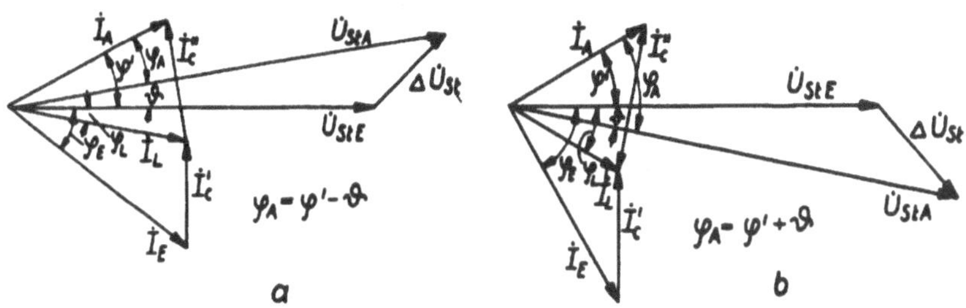

Abb. 50. Zeigerdiagramm für Voreilung des Stromes bei Leitungen mit großer Betriebskapazität
a) Bei Voreilung von U_{St_A} b) Bei Nacheilung von U_{St_A}

Bei Einphasenleitungen ist in die Gleichungen (178), (180) bis (182) an Stelle der Strangspannung die Spannung zwischen den Leitern einzusetzen.

Um eine leichte Möglichkeit zu haben, die Ladeströme verschiedener Leitungssysteme miteinander vergleichen zu können, ist der Begriff des

spezifischen Ladestroms $I_{C_{Sp}}$

gebildet worden. Er wird auf eine Leitungslänge von $l = 100$ km und eine Spannung von $U = 10$ kV bezogen. Der tatsächliche Ladestrom berechnet sich aus dem spezifischem Ladestrom:

$$I_C = I_{C_{Sp}} \cdot U \cdot l \cdot 10^{-3} \text{ [A]} \tag{185}$$

Darin ist U die Betriebsspannung in kV, l die Leitungslänge in km. Der spez. Ladestrom liegt in den meisten Fällen zwischen 1,5 ... 1,6 A, kann aber auch auf 1,4 A absinken und bis auf 2,2 A ansteigen. Ist der tatsächliche Ladestrom berechnet, so ergibt sich der spez. Ladestrom durch Umstellen der Gl. (185):

$$I_{C_{Sp}} = \frac{I_C}{U \cdot l} \cdot 10^3 \text{ [A]} \tag{185a}$$

b) Speiseleitungen für Einphasen- und Drehstrom

Wie im vorigen Abschnitt dargelegt, werden, falls es nötig ist, Leitungsabschnitte bis zu 200 km Länge gebildet und diese mit Hilfe der abgeleiteten Formeln berechnet. Das folgende Beispiel soll diesen Rechnungsgang für eine Leitungslänge kleiner als 200 km näher erläutern.

Beispiel 19

Am Ende einer Hochspannungs-Doppelleitung von 60 km Länge soll bei einer Drehstromspannung von 110 kV, 50 Hz eine Leistung von 40000 kW bei einem Leistungsfaktor $\cos \varphi_E = 0{,}75$ zur Verfügung stehen. Der Querschnittsberechnung der Cu-Seile ist mit 3,5% Leistungsverlust durchzuführen. Die Masten werden nach Abb. 44 ausgeführt. Die Kapazitätswerte sind für Verdrillung β dem Beispiel 17 zu entnehmen!

Lösung:

1. Querschnittsberechnung

Da jedes Leitungssystem der Doppelleitung die halbe Leistung überträgt, ist die Querschnittsberechnung eines Leiters für eine Leistung $N_E = 20000$ kW vorzunehmen.

Nach Gl. (50) ist der Querschnitt:

$$q = \frac{100 \cdot N_E \cdot l}{\varkappa \cdot U_E^2 \cdot \cos^2 \varphi_E \cdot p_N} = \frac{100 \cdot 20000 \cdot 10^3 \text{ W} \cdot 60 \cdot 10^3 \text{ m}}{56 \frac{\text{m}}{\Omega \text{ mm}^2} \cdot 110^2 \cdot 10^6 \text{ V}^2 \cdot 0{,}75^2 \cdot 3{,}5} = \underline{90 \text{ mm}^2}$$

Gewählt: $\underline{\underline{q = 95 \text{ mm}^2}}$ Cu mit $r = 0{,}625$ cm (siehe Beispiel 17).

2. Ermittlung des Verbraucherstroms

Nach Gl. (49) ist:

$$I_E = I_V = \frac{N_E}{\sqrt{3} \cdot U_E \cdot \cos \varphi_E} = \frac{20000 \cdot 10^3 \text{ W}}{1{,}73 \cdot 110 \cdot 10^3 \text{ V} \cdot 0{,}75} = \underline{\underline{140 \text{ A}}}$$

$$\mathfrak{I}_E = 140\, e^{-j\, 41{,}41°} = 140 \cdot (0{,}75 - j\, 0{,}6614) = \underline{105 - j\, 92{,}6}$$

3. Berechnung der Betriebskapazität und des Ladestroms am Ende der Leitung

Im Abs. 3 der Lösung des Beispiels 17 war die Betriebskapazität für Verdrillung β berechnet zu:

$$C_B = 0{,}008\,54 \cdot 10^{-6}\,\frac{\text{F}}{\text{km}}$$

Damit ergibt sich die gesamte Kapazität der Leitung:

$$C'_B = C_B \cdot l = 0{,}008\,54 \cdot 10^{-6}\,\frac{\text{F}}{\text{km}} \cdot 60\,\text{km} = 0{,}512\,4 \cdot 10^{-6}\,\text{F}$$

Nach Gl. (178) ist der Ladestrom am Ende:

$$I'_C = \frac{U_B}{\sqrt{3}} \cdot \omega \cdot \frac{C'_B}{2} = \frac{110 \cdot 10^3}{1{,}73}\,\text{V} \cdot 314\,s^{-1} \cdot \frac{0{,}512\,4 \cdot 10^{-6}}{2}\,\frac{\text{As}}{\text{V}} = \underline{\underline{5{,}11\,\text{A}}}$$

$$\underline{\mathfrak{I}'_C = 0 + j\,5{,}11}$$

4. Ermittlung des Leitungsstroms

$$\begin{aligned} \mathfrak{I}_B &= 105 - j\,92{,}6 \\ + \mathfrak{I}'_C &= 0 + j\;\;5{,}11 \\ \hline \mathfrak{I}_L &= 105 - j\,87{,}49 = \underline{\underline{136{,}7\,e^{-j\,39{,}69°}}} \end{aligned}$$

5. Berechnung der Betriebsinduktivität und des Blindwiderstandes der Leitung

Der mittlere Abstand der Leiter war im Abs. 1 der Lösung zu Beispiel 17 berechnet worden zu:

$$d_m = \underline{421\,\text{cm}}$$

Nach Gleichung (91) ist die Betriebsinduktivität für Verdrillung:

$$L_B = \left[0{,}5 + 2 \cdot \ln\left(\frac{d_m}{r}\right)\right] \cdot 10^{-4} = \left[0{,}5 + 2 \cdot \ln\left(\frac{421}{0{,}625}\right)\right] \cdot 10^{-4}$$

$$= [0{,}5 + 2 \cdot \ln 673] \cdot 10^{-4} = [0{,}5 + 2 \cdot 6{,}511\,75] \cdot 10^{-4}$$

$$\underline{\underline{L_B = 13{,}524 \cdot 10^{-4}\,\frac{\text{H}}{\text{km}}}}$$

6. Ermittlung des Scheinwiderstandes der Leitung

Der Blindwiderstand ergibt sich damit:

$$X_L = \omega \cdot L_B = 314\,s^{-1} \cdot 13{,}524 \cdot 10^{-4}\,\frac{\Omega\,s}{\text{km}} = \underline{0{,}425\,\frac{\Omega}{\text{km}}}$$

Der Wirkwiderstand eines Cu-Querschnitts von 95 mm² ist nach Tafel 5, Spalte 4, Teil 1, S 16.

$$\underline{R_L = 0{,}19\,\frac{\Omega}{\text{km}}}$$

Aus Wirk- und Blindwiderständen errechnet sich der Scheinwiderstand der Leitung:

$$Z_L = \sqrt{0{,}19^2 + 0{,}425^2} = \underline{0{,}466\,\frac{\Omega}{\text{km}}}$$

$$\underline{\mathfrak{Z}_L = 0{,}466\,e^{j\,65{,}94°}}$$

und der gesamte Scheinwiderstand der Leitung«

$$Z'_L = 0{,}466\,\frac{\Omega}{\mathrm{km}} \cdot 60\ \mathrm{km} = 27{,}96\ \Omega$$

$$\underline{\underline{Z'_L = 27{,}96\, e^{j\,65{,}94^\circ}}}$$

7. Berechnung des Spannungsverlustes und der Spannung am Anfang der Leitung. Gl. (180):

$$\Delta \dot{U}_{St} = \dot{I}_L \cdot \dot{Z}_L = 136{,}7\, e^{-j\,39{,}69^\circ} \cdot 27{,}96\, e^{j\,65{,}94^\circ} = \underline{3822\, e^{j\,26{,}25^\circ}}$$

$$= 3{,}822 \cdot (0{,}8969 + j\,0{,}4423) = 3{,}428 + j\,1{,}690$$

$$\underline{\Delta U_{St} = 3{,}822\ \mathrm{kV}}$$

Mit diesem Spannungsverlust ergibt sich nach Gl. (181) die Spannung am Anfang der Leitung:

$$\dot{U}_{St_A} = \dot{U}_{St_E} + \Delta \dot{U}_{St} \quad = 63{,}580 + j\,0$$

$$+ \quad 3{,}428 + j\,1{,}69$$

$$\dot{U}_{St_A} = 67{,}008 + j\,1{,}69 = \underline{67{,}01\, e^{j\,1{,}45^\circ}}$$

$$\underline{\underline{U_{St_A} = 67{,}01\ \mathrm{kV}}} \qquad \underline{\underline{U_A = 1{,}73 \cdot 67{,}01 = 115{,}9\ \mathrm{kV}}}$$

8. Ermittlung des Stromes am Anfang der Leitung

Der Ladestrom am Anfang der Leitung ist nach Gl. (182):

$$I''_C = U_{St_A} \cdot \omega \cdot \frac{C_B}{2} = 67{,}01 \cdot 10^3\ \mathrm{V} \cdot 314\ s^{-1} \cdot \frac{0{,}512\,4 \cdot 10^{-6}}{2}\,\frac{\mathrm{As}}{\mathrm{V}} = \underline{5{,}4\ \mathrm{A}}$$

Nach Gl. (182a) in komplexer Form:

$$\dot{I}''_C = I''_C\, e^{j\,(90^\circ+\vartheta)} = 5{,}4\, e^{j\,(90^\circ+1{,}5^\circ)} = 5{,}4\, e^{j\,91{,}5^\circ}$$

$$= 5{,}4\,(-\sin 1{,}5^\circ + j \cos 1{,}5^\circ) = 5{,}4\,(-0{,}0262 + j\,0{,}9997)$$

$$= \underline{-0{,}14 + j\,5{,}39}$$

Damit ergibt sich nach Gl. (183) der Strom am Anfang der Leitung:

$$\dot{I}_A = \dot{I}_L + \dot{I}''_C = 105{,}0 \quad - j\,87{,}49$$

$$- \quad 0{,}14 + j\ \ 5{,}39$$

$$\dot{I}_A = 104{,}86 - j\,82{,}10 = \underline{133{,}6\, e^{-j\,38{,}05^\circ}}$$

$$\underline{\underline{I_A = 133{,}6\ \mathrm{A}}}$$

9. Berechnung der Leistung am Anfang der Leitung

Der Strom $\dot{I}_A$ eilt der Spannung am Ende $\dot{U}_{St_E}$ um den Winkel:

$$\varphi' = 38{,}05^\circ$$

nach. Die Spannung $\dot{U}_{St_A}$ eilt der Spannung $\dot{U}_{St_E}$ um den Winkel:

$$\vartheta = 1{,}45^\circ$$

vor. Der Phasenverschiebungswinkel zwischen $\dot{U}_{St_A}$ und $\dot{I}_A$ ist nach Gl. (184):

$$\varphi_A = \varphi' + \vartheta = 38{,}05^\circ + 1{,}45^\circ = 39{,}5^\circ$$

Damit wird der Leistungsfaktor am Anfang der Leitung:

$$\cos \varphi_A = 0{,}7716 \approx 0{,}772\ \mathrm{ind.}$$

Die Leistung eines Leitersystems berechnet sich zu:

$$N'_A = \sqrt{3} \cdot U_A \cdot I_A \cdot \cos\varphi_A = 1{,}73 \cdot 115{,}9\ \text{kV} \cdot 133{,}6\ \text{A} \cdot 0{,}772$$

$$\underline{\underline{N'_A = 20\,680\ \text{kW}}} \qquad \text{gesamte Leistung beider Leitersysteme } \underline{\underline{N_A = 41\,350\ \text{kW}}}$$

In Abb. 51 ist das maßstäbliche Zeigerdiagramm der Leitung aufgezeichnet. Zur besseren Übersicht sind alle ermittelten Phasenverschiebungswinkel eingetragen.

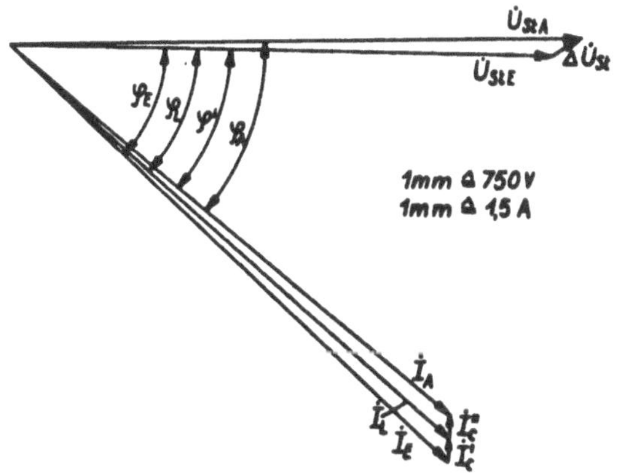

Abb. 51. Maßstäbliches Zeigerdiagramm der Leitung des Beispiels 19

10. Ermittlung der prozentualen Verluste

prozentualer Spannungsverlust $p_U = \frac{115{,}9\ \text{kV} - 110\ \text{kV}}{110\ \text{kV}} \cdot 100$

$$\underline{\underline{p_U = 5{,}36\%}}$$

prozentualer Leistungsverlust $p_N = \frac{41\,360\ \text{kW} - 40\,000\ \text{kW}}{40\,000\ \text{kW}} \cdot 100$

$$\underline{\underline{p_N = 3{,}4\%}}$$

11. Nachprüfen der Erwärmung

Nach Tafel 9, Spalte 2, Teil 1, S. 48 darf ein Cu-Freileitungsseil von 95 mm² Querschnitt bei einer Übertemperatur von 40° C mit 357 A belastet werden. Da der Speisestrom $I_A = 133{,}6$ A beträgt, reicht der gewählte Querschnitt vollkommen aus.

12. Berechnung des spezifischen Ladestroms

Der gesamte Ladestrom der Leitung ist:

$$I_C = I'_C + I''_C = 5{,}11\ \text{A} + 5{,}4\ \text{A} = 10{,}51\ \text{A}$$

Nach Gl. (185a) ist der spez. Ladestrom:

$$I_{C_{Sp}} = \frac{I_C}{U \cdot l} \cdot 10^3 = \frac{10{,}51\ \text{A} \cdot 10^3}{110\ \text{kV} \cdot 60\ \text{km}} = \underline{1{,}59\ \text{A}}$$

Wie die Ergebnisse zeigen, wird durch den Einfluß der Kapazität der Leitung der Leistungsfaktor von $\cos\varphi_A = 0{,}75$ auf $\cos\varphi_E = 0{,}772$ verbessert.

c) Verteilungsleitungen für Einphasen- und Drehstrom

Bei den kleinen Längen dieser Leitungen ist in den meisten Fällen der Einfluß der Kapazität so gering, daß er vernachlässigt werden kann. Falls dennoch, vor allem bei Kabeln, die Kapazität berücksichtigt werden muß, soll das folgende Beispiel zeigen, wie eine solche Leitung zu berechnen ist.

Beispiel 20

Die Spannung und der Strom am Anfang der Verteilungsleitung des Beispiels 12, S. 51, jetzt als zweiadriges Kabel verlegt, sind mit dem errechneten Cu-Querschnitt von 35 mm² für eine Spannung von 6 kV zu bestimmen. Durch Messungen wurden bestimmt:

der ind. Blindwiderstand des Kabels $X_l = 0{,}0318\,\frac{\Omega}{\text{km}}$

die Betriebskapazität des Kabels $C_B = 0{,}321 \cdot 10^{-6}\,\frac{\text{F}}{\text{km}}$

Lösung:

In Abb. 52a ist nochmals die Leitung dargestellt, darunter Abb. 52b, ist das Ersatzschaltbild der Leitung wiedergegeben.

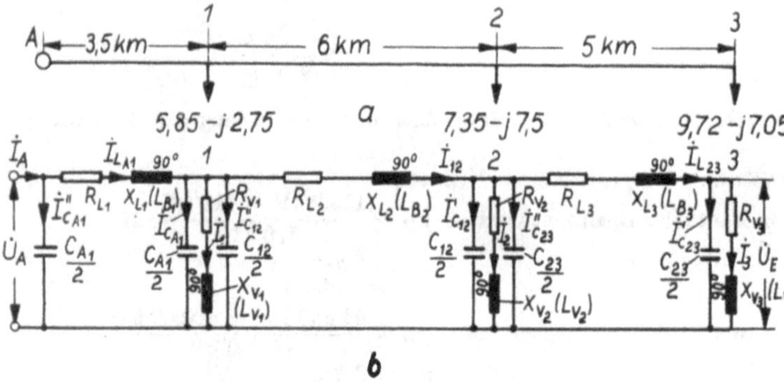

Abb. 52. Verteilungsleitung zum Beispiel 20
a) Einpolige Darstellung b) Ersatzschaltbild

1. Berechnung der Scheinwiderstände der einzelnen Abschnitte

Nach Lösung des Beispiels 12 ist für eine Spannung von 6 kV der Wirkwiderstand für Hin- und Rückleitung eines Cu-Querschnittes von 35 mm²

$$R_L = 1{,}06\,\frac{\Omega}{\text{km}}$$

Mit dem für die ganze Leiterschleife, also für Hin- und Rückleitung, gemessenen Blindwiderstand von $0{,}0318\,\frac{\Omega}{\text{km}}$ wird der Scheinwiderstand:

$$Z_L = \sqrt{R_L^2 + X_L^2} = \sqrt{1{,}06^2 + 0{,}0318^2} = \sqrt{1{,}1246} = 1{,}0605\,\frac{\Omega}{\text{km}}$$

für die einzelnen Abschnitte:

$$\dot{Z}_{LA1} = 1{,}0605\, e^{j\,1{,}7^\circ} \cdot 3{,}5 = 3{,}71\, e^{j\,1{,}7^\circ} \qquad \dot{Z}_L = 1{,}0605\, e^{j\,1{,}7^\circ}$$

$$\dot{Z}_{L12} = 1{,}0605\, e^{j\,1{,}7^\circ} \cdot 6{,}0 = 6{,}36\, e^{j\,1{,}7^\circ}$$

$$\dot{Z}_{L23} = 1{,}0605\, e^{j\,1{,}7^\circ} \cdot 5{,}0 = 5{,}30\, e^{j\,1{,}7^\circ}$$

2. Ermittlung der Betriebskapazitäten der einzelnen Abschnitte

$$C_{BA1} = 0{,}321 \cdot 10^{-6}\,\frac{\mathrm{F}}{\mathrm{km}} \cdot 3{,}5\ \mathrm{km} = 1{,}124 \cdot 10^{-6}\ \mathrm{F}$$

$$C_{B12} = 0{,}321 \cdot 10^{-6}\,\frac{\mathrm{F}}{\mathrm{km}} \cdot 6{,}0\ \mathrm{km} = 1{,}926 \cdot 10^{-6}\ \mathrm{F}$$

$$C_{B23} = 0{,}321 \cdot 10^{-6}\,\frac{\mathrm{F}}{\mathrm{km}} \cdot 5{,}0\ \mathrm{km} = 1{,}605 \cdot 10^{-6}\ \mathrm{F}$$

3. Berechnung der Ströme und Spannungsverluste

a) Abschnitt 2 . . . 3

Der Ladestrom am Ende des Abschnitts ist nach Gl. (178):

$$I'_{C23} = U_3 \cdot \omega \cdot \frac{C_{B23}}{2} = 6000\ \mathrm{V} \cdot 104{,}7\ \mathrm{s}^{-1} \cdot \frac{1{,}605}{2} \cdot 10^{-6}\,\frac{\mathrm{As}}{\mathrm{V}} = \underline{0{,}5\ \mathrm{A}}$$

$$\dot{I}'_{C23} = 0{,}5\, e^{j\,90^\circ} = \underline{j\,0{,}5}$$

Der Leitungsstrom ist nach Gl. (179):

$$\begin{aligned} \dot{I}_3 &= 9{,}72 - j\,7{,}05 \\ +\ \dot{I}'_{C23} &= 0 \quad + j\,0{,}5 \\ \hline \dot{I}_{L23} &= 9{,}72 - j\,6{,}55 = 11{,}72\, e^{-j\,34{,}01^\circ} \end{aligned}$$

Dieser Strom ruft auf dem Leitungsabschnitt nach Gl. (180) einen Spannungsverlust hervor von:

$$\Delta\dot{U}_{32} = \dot{I}_{L23} \cdot \dot{Z}_{L23} = 11{,}72\, e^{-j\,34{,}01^\circ} \cdot 5{,}3\, e^{j\,1{,}7^\circ} = 62{,}12\, e^{-j\,32{,}31^\circ}$$

$$= 62{,}12 \cdot (0{,}8452 - j\,0{,}5345) = \underline{52{,}6 - j\,33{,}2}$$

Spannung im Punkte 2, Gl. (181):

$$\begin{aligned} \dot{U}_B = \dot{U}_3 &= 6000 \quad + j\ 0 \\ +\ \Delta\dot{U}_{32} &= \quad 52{,}6 - j\,33{,}2 \\ \hline \dot{U}_2 &= 6052{,}6 - j\,33{,}2 = \underline{\underline{6052{,}7\, e^{-j\,0{,}3^\circ}}} \\ \underline{\underline{U_2}} &\underline{\underline{= 6053\ \mathrm{V}}} \end{aligned}$$

Der Ladestrom am Anfang des Abschnitts ist nach Gl. (182):

$$I''_{C23} = U_2 \cdot \omega \cdot \frac{C_{B23}}{2} = 6053\ \mathrm{V} \cdot 104{,}7\ \mathrm{s}^{-1} \cdot \frac{1{,}605}{2} \cdot 10^{-6}\,\frac{\mathrm{As}}{\mathrm{V}} = \underline{0{,}51\ \mathrm{A}}$$

Da $\vartheta = 0{,}3^\circ$ sehr klein ist, wird nach Gl. (182b) gerechnet:

$$\dot{I}''_{C23} = 0{,}51\, e^{j\,90^\circ} = \underline{j\,0{,}51}$$

b) Abschnitt 1 . . . 2

Der Ladestrom am Ende des Abschnitts ist nach Gl. (178):

$$I'_{C12} = U_2 \cdot \omega \cdot \frac{C_{B12}}{2} = 6053\ \mathrm{V} \cdot 104{,}7\ \mathrm{s}^{-1} \cdot \frac{1{,}296}{2} \cdot 10^{-6}\,\frac{\mathrm{As}}{\mathrm{V}} = \underline{0{,}61\ \mathrm{A}}$$

$$\dot{I}'_{C12} = 0{,}61\, e^{j\,90^\circ} = \underline{j\,0{,}61}$$

Der Leitungsstrom ist:

$$
\begin{aligned}
\dot{I}_{L_{23}} &= 9{,}72 - j\ 6{,}55 \\
+ \dot{I}''_{C_{23}} &= 0 \quad + j\ 0{,}51 \\
+ \dot{I}_2 &= 7{,}35 - j\ 7{,}50 \\
+ \dot{I}'_{C_{12}} &= 0 \quad + j\ 0{,}61 \\
\hline
\dot{I}_{L_{12}} &= 17{,}07 - j\,12{,}93 = 21{,}41\ e^{j37{,}14^\circ}
\end{aligned}
$$

Der durch diesen Leitungsstrom hervorgerufene Spannungsverlust ist:

$$
\begin{aligned}
\Delta\dot{U}_{12} &= \dot{I}_{L_{12}} \cdot \dot{Z}_{L_{12}} = 21{,}41\ e^{-j\,37{,}14^\circ} \cdot 6{,}36\ e^{j\,1{,}7^\circ} = 136{,}17\ e^{-j\,35{,}44^\circ} \\
&= 136{,}17 \cdot (0{,}8147 - j\,0{,}5799) = \underline{110{,}9 - j\,79{,}0}
\end{aligned}
$$

Spannung im Punkt 1, Gl. (181):

$$
\begin{aligned}
\dot{U}_2 &= 6052{,}6 - j\ 33{,}2 \\
+ \Delta\dot{U}_{12} &= 110{,}9 - j\ 79{,}0 \\
\hline
\dot{U}_1 &= 6163{,}5 - j\,112{,}2 = \underline{\underline{6164\ e^{-j\,1{,}04^\circ}}} \\
\underline{\underline{U_1}} &\underline{\underline{= 6164\ \text{V}}}
\end{aligned}
$$

Der Ladestrom am Anfang dieses Abschnitts ist wieder nach Gl. (182):

$$
\dot{I}''_{C_{12}} = U_1 \cdot \omega \cdot \frac{C_{B_{12}}}{2} = 6164\ \text{V} \cdot 104{,}7\ \text{s}^{-1} \cdot \frac{1{,}926}{2} \cdot 10^{-6}\ \frac{\text{As}}{\text{V}} = \underline{0{,}622\ \text{A}}
$$

$$
\dot{I}''_{C_{12}} = 0{,}622\ e^{j\,90^\circ} = \underline{j\,0{,}622}
$$

c) Abschnitt A . . . 1

Der Ladestrom am Ende dieses Abschnitts ist nach Gl. (178):

$$
\dot{I}'_{C_{A1}} = U_1 \cdot \omega \cdot \frac{C_{C_{A1}}}{2} = 6164\ \text{V} \cdot 104{,}7\ s^{-1} \cdot \frac{1{,}124}{2} \cdot 10^{-6}\ \frac{\text{As}}{\text{V}} = \underline{0{,}363\ \text{A}}
$$

$$
\dot{I}'_{C_{A1}} = 0{,}363\ e^{j\,90^\circ} = \underline{j\,0{,}363}
$$

Der Leitungsstrom ist dann:

$$
\begin{aligned}
\dot{I}_{L_{12}} &= 17{,}07 - j\,12{,}930 \\
+ \dot{I}''_{C_{12}} &= 0 \quad + j\ 0{,}622 \\
+ \dot{I}_1 &= 5{,}85 - j\ 2{,}750 \\
+ \dot{I}'_{C_{A1}} &= 0 \quad + j\ 0{,}363 \\
\hline
\dot{I}_{L_{A1}} &= 22{,}92 - j\,14{,}695 = 27{,}29\ e^{-j\,32{,}62^\circ}
\end{aligned}
$$

Dieser Leitungsstrom ruft einen Spannungsverlust, Gl. (180), hervor von:

$$
\begin{aligned}
\Delta\dot{U}_{A1} &= \dot{I}_{L_{A1}} \cdot \dot{Z}_{L_{A1}} = 27{,}29\ e^{-j\,32{,}62^\circ} \cdot 3{,}71\ e^{j\,1{,}7^\circ} = 101{,}2\ e^{-j\,30{,}92^\circ} \\
&= 101{,}2 \cdot (0{,}8579 - j\,0{,}5138) = \underline{86{,}9 - j\,52{,}0}
\end{aligned}
$$

Spannung im Speisepunkt A, Gl. (181):

$$
\begin{aligned}
\dot{U}_1 &= 6163{,}5 - j\,112{,}2 \\
+ \Delta\dot{U}_{A1} &= 86{,}9 - j\ 52{,}0 \\
\hline
\dot{U}_A &= 6250{,}4 - j\,164{,}2 = \underline{\underline{6253{,}0\ e^{-j\,1{,}5^\circ}}} \\
\underline{\underline{U_A}} &\underline{\underline{= 6253\ \text{V}}}
\end{aligned}
$$

Der Ladestrom der Teilkapazität am Anfang dieses Abschnitts ist wieder nach Gl. (182):

$$I''_{CA1} = U_A \cdot \omega \cdot \frac{C_{BA1}}{2} = 6253\ \mathrm{V} \cdot 104{,}7\ \mathrm{s}^{-1} \cdot \frac{1{,}124}{2} \cdot 10^{-6}\ \frac{\mathrm{As}}{\mathrm{V}} = \underline{0{,}37\ \mathrm{A}}$$

$$\mathfrak{I}''_{CA1} = 0{,}37\, e^{j\,90^\circ} = \underline{j\,0{,}37}$$

Damit wird der gesamte Speisestrom der Leitungsanlage:

$$\begin{aligned} \mathfrak{I}_{LA1} &= 22{,}92 - j\,14{,}70 \\ + \mathfrak{I}_{CA1} &= 0 \quad + j\ \ 0{,}37 \\ \hline \mathfrak{I}_A &= 22{,}92 - j\,14{,}33 = \underline{27{,}08\, e^{-j\,32{,}04^\circ}} \\ \underline{\underline{I_A}} &\underline{\underline{= 27{,}0\ \mathrm{A}}} \end{aligned}$$

Der prozentuale Spannungsverlust, bezogen auf das Ende der Leitung, ist:

$$p_U = \frac{6{,}253\ \mathrm{kV} - 6\ \mathrm{kV}}{6\ \mathrm{kV}} \cdot 100 = \underline{\underline{4{,}21\%}}$$

4. Ermittlung des Leistungsfaktors am Anfang der Leitung

Der Phasenverschiebungswinkel, um den am Anfang der Leitung der Strom I_A seiner Spannung U_A nacheilt, ist:

$$\varphi_A = 32{,}04^\circ - 1{,}5^\circ = 30{,}54^\circ$$

Damit wird der Leistungsfaktor:

$$\cos\varphi_A = 0{,}861 \text{ ind.}$$

Zum Vergleich sind die Ergebnisse des Beispiels 12, Freileitung ohne Berücksichtigung der Kapazität, und des Beispiels 20, Kabel mit Berücksichtigung der Kapazität, in folgender Tafel 5 gegenübergestellt. Abb. 53 zeigt das grundsätzliche, nicht maßstäbliche Zeigerdiagramm der Leitung.

Tafel 5. Vergleich der Ergebnisse von Beispiel 12 und 20

		Beispiel 12 Freileit. 2 · 35 mm²	Beispiel 20 Kabel 2 · 35 mm²
Induktiver Blindwiderstand .	X_L	$0{,}29\ \frac{\Omega}{\mathrm{km}}$	$0{,}0318\ \frac{\Omega}{\mathrm{km}}$
Kapazität	C_B	—	$0{,}321 \cdot 10^{-6}\ \frac{\mathrm{F}}{\mathrm{km}}$
Speisespannung	U_A	6312 V	6153 V
Proz. Spannungsverlust . . .	p_U	5,2%	4,21%
Speisestrom	I_A	$22{,}92 - j\,17{,}4$ $= 28{,}78\, e^{-j\,37{,}24^\circ}$	$22{,}92 - j\,14{,}33$ $= 27{,}08\, e^{-j\,32{,}04^\circ}$
Wirkstrom	I_W	22,92 A	22,92 A
Blindstrom	I_B	17,4 A	14,33 A
Verschiebungswinkel	φ_A	36,24°	30,54°
Leistungsfaktor	$\cos\varphi_A$	0,806	0,861

Es zeigt sich, daß infolge der voreilenden Ladeströme und der geringen Induktivität des Kabels der Spannungsverlust kleiner geworden ist. Das gleiche gilt für den gesamten Speisestrom in A und den Leistungsfaktor am Anfang der Leitung. Der Wirkstrom muß selbstverständlich in beiden Fällen gleich sein, da die gleiche Leistung übertragen werden soll.

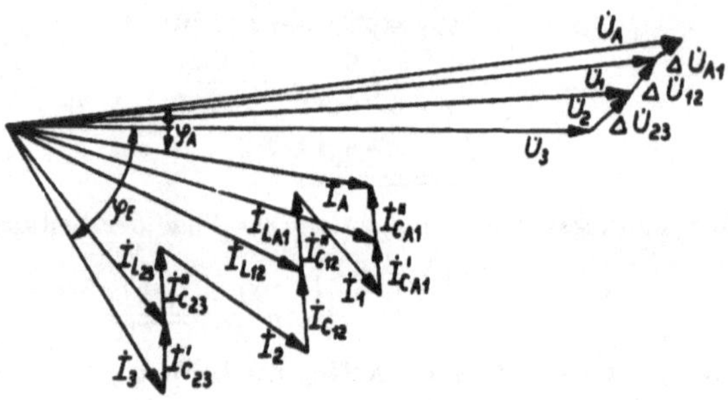

Abb. 53. Grundsätzliches Zeigerdiagramm der Leitung des Beispiels 20

d) Leitungsnetze für Einphasen- und Drehstrom

Die Netzberechnung wird ebenso durchgeführt, wie es in den vorhergegangenen Abschnitten für einfache Leitungen angegeben wurde. Würde z. B. das 30-kV-Netz des Beispiels 14 als Kabel verlegt werden sollen, so müßten bei der Stromverteilung die Ladeströme der einzelnen Strecken berücksichtigt werden. Da sich damit eine andere Spannungsverteilung ergeben würde, müßte ein zweiter Rechnungsgang des ganzen Netzes durchgeführt werden. Diese sehr umfangreiche Rechnung ist im Rahmen dieses Buches nicht angebracht.

Für größere Netze wird die Berechnung äußerst schwierig und umständlich, versagt letzten Endes überhaupt. Man bedient sich in solchen Fällen der Netzmodelle. Diese werden mit niedriger Wechselspannung, z. B. 50 V, betrieben. Alle Wirkwiderstände, Induktivitäten und Kapazitäten sind widerstandsähnlich und winkelrichtig in der Spannung und dem Strom angepaßten verkleinerten Maßstab nachgebildet. Um die Netzmodelle für die verschiedenen Aufgaben an vielen Netzen benutzen zu können, werden sie nach dem Baukastenprinzip aufgebaut. Die Widerstände, Induktivitäten und Kapazitäten sind in großer Zahl in Dekaden-Einheiten vorhanden. Sie werden dann, dem zu untersuchenden Netz entsprechend, zusammen geschaltet. Auf einer Knotenpunktstafel, auf die das Netz in vereinfachter Form aufgezeichnet wird, ist die Schaltung erkennbar. Auch Generatoreneinheiten sind vorhanden, so daß Lastfluß- und Kurzschlußuntersuchungen ausgeführt werden können.

In Deutschland stehen z. Z. drei solcher Netzmodelle zur Verfügung, von denen je eins von der AEG [5] und den SSW [6], das dritte von der Studiengesellschaft für Höchstspannungsanlagen [6] erstellt wurden. Mit diesen räumlich sehr ausgedehnten Netzmodellen können alle erforderlichen Untersuchungen für Planung und Führung von Netzen vorgenommen werden.

II. Strahlungs- oder Koronaverluste

Die Luft ist im allgemeinen ein vorzüglicher Isolator, sonst wären die ausgedehnten Freileitungsnetze auf der ganzen Erde nicht möglich. Unter Umständen kann aber auch die Luft leitend werden, es kann durch sie ein Stromdurchgang, ein „Durchbruch" oder „Durchschlag" stattfinden, wie es z. B. bei jedem Blitz der Fall ist. Aber auch bei viel kleineren Feldstärken als bei einem Blitzschlag treten Entladungserscheinungen auf. Die Feldstärke, bei der diese einsetzen, wird als

Durchbruchsfeldstärke $\mathfrak{E}_D$

bezeichnet. Wird bei einer Freileitung die Feldstärke $\mathfrak{E}_0$ auf der Oberfläche der Leiter größer als die Durchbruchsfeldstärke $\mathfrak{E}_D$ der umgebenden Luft, so treten rings um den Leiter bläuliche Glimmentladungen auf, die Korona genannt werden. Zu ihrer Erzeugung ist eine Leistung notwendig, die Verluste darstellt, die

Strahlungs- oder Koronaverluste.

Diese sind abhängig von Witterungseinflüssen — Trockenheit, Regen, Nebel, Rauhreif, Luftdruck und Lufttemperatur —, von der Beschaffenheit der Leiteroberfläche, dem Radius der Leiterseile, ihrem gegenseitigen Abstand und von der Betriebsspannung. Die Messung der Koronaverluste gehört zu den schwierigsten Aufgaben der Hochspannungsmeßtechnik. Im letzten Jahrzehnt sind viele Forschungsarbeiten und Berechnungen dieser Verluste angestellt und veröffentlicht worden. Die folgenden Ableitungen sollen nach einer Untersuchung von O. Mayr [7] über Koronaverluste vorgenommen werden.

Zur Bestimmung der Feldstärke $\mathfrak{E}_0$ auf der Leiteroberfläche wird von Gl. (109) ausgegangen. Nach ihr ist:

$$\mathfrak{E}_0 = 18 \frac{q}{r} \cdot 10^{11} \left[\frac{\text{V}}{\text{cm}}\right] \tag{186}$$

Hierin kann man für die Ladung q den Wert nach der allgemeinen Kondensatorgleichung (126) einsetzen:

$$\mathfrak{E}_0 = 18 \cdot \frac{C \cdot U}{r} \cdot 10^{11} \left[\frac{\text{V}}{\text{cm}}\right] \tag{187}$$

Da die Feldstärke von der Kapazität und damit von dem gewählten Mastbild abhängt, wird sie auf den spezifischen Ladestrom der Leiteranordnung bezogen. Dieser errechnet sich wie jeder Ladestrom, Gl. (178), (182), aus Spannung und Kapazität:

$$I_{Sp} = U \cdot \omega \cdot C \tag{188}$$

Da sich der spez. Ladestrom auf 10 kV und 100 km bezieht, ergibt sich für seine Einheit in $\frac{\text{A}}{\text{km}}$:

$$I_{Sp} = 10^3 \cdot U \cdot \omega \cdot 10^2 \cdot C = U \cdot \omega \cdot C \cdot 10^5 \left[\frac{\text{A}}{\text{km}}\right] \tag{189}$$

oder die Spannung:

$$U = \frac{I_{Sp}}{\omega \cdot C} \cdot 10^{-5} \tag{190}$$

Setzt man diesen Wert in Gl. (187) ein, so wird die Feldstärke:

$$\mathfrak{E}_0 = 18 \cdot \frac{C \cdot I_{Sp}}{\omega \cdot C \cdot r} \cdot 10^{11} \cdot 10^{-5} = 18 \cdot \frac{I_{Sp}}{\omega \cdot r} \cdot 10^6 \left[\frac{\text{V}}{\text{cm}}\right] \tag{191}$$

Da es auf den Höchstwert der Feldstärke ankommt, muß auch der Höchstwert des Ladestroms eingesetzt werden:

$$\mathfrak{E}_0 = 18 \cdot \sqrt{2} \cdot \frac{I_{Sp}}{\omega \cdot r} \cdot 10^6 \left[\frac{\text{V}}{\text{cm}}\right] \tag{192}$$

Für die Frequenz von 50 Hz mit der Kreisfrequenz $\omega = 314\ \text{s}^{-1}$ erhält man schließlich eine einfache, sehr angenäherte Formel für den Höchstwert der Feldstärke:

$$\mathfrak{E}_0 = 80 \cdot \frac{I_{Sp}}{r} \cdot 10^3 \left[\frac{\text{V}}{\text{cm}}\right] \tag{193}$$

Darin ist, das sei nochmals betont, I_{Sp} der spez. Ladestrom in $\frac{\text{A}}{\text{km}}$ bezogen auf die Nennspannung.

Beispiel 21

Wie groß ist die Feldstärke auf der Oberfläche der Leiter des Beispiels 19?

Lösung:

Der spez. Ladestrom war zu

$$I_{Sp} = 1{,}59\ \text{A je 100 km und 10 kV}$$

berechnet worden. Für die Nennspannung von 110 kV und 1 km ist er demnach

$$I_{Sp} = 1{,}59 \cdot 11 \cdot 10^{-2} = 17{,}49 \cdot 10^{-2}\,\frac{\text{A}}{\text{km}}$$

Der Leiterradius betrug $r = 0{,}625$ cm. Dann ist die Feldstärke nach Gl. (193):

$$\mathfrak{E}_0 = 80 \cdot \frac{I_{Sp}}{r} \cdot 10^3 = 80 \cdot \frac{17{,}49 \cdot 10^{-2}}{0{,}625} \cdot 10^3 = 22\,390 \, \frac{\text{V}}{\text{cm}}$$

$$\mathfrak{E}_0 = 22{,}39 \, \frac{\text{kV}}{\text{cm}}$$

Der Effektivwert wäre dann:

$$\mathfrak{E}_{0_{\text{eff}}} = \frac{22{,}39}{\sqrt{2}} = 15{,}85 \, \frac{\text{kV}}{\text{cm}}$$

Liegt der mit Hilfe der Gl. (192) bzw. (193) ermittelte Wert der Feldstärke auf der Leiteroberfläche $\mathfrak{E}_0$ unterhalb der Durchbruchsfeldstärke $\mathfrak{E}_D$ der Luft, treten keine Strahlungserscheinungen auf. In der oben erwähnten Arbeit von O. Mayr werden für die Durchbruchsfeldstärken für trockenen Zustand der Seile und Seilradien $> 0{,}5$ cm folgende Werte, umgerechnet für Effektivwerte bei sinusförmigem Wechselstrom, angegeben:

glattes Rohr . . . . $\mathfrak{E}_D = 21{,}1 \, \frac{\text{kV}}{\text{cm}}$

Seil aus Runddraht . . . $\mathfrak{E}_D = 18{,}15 \, \frac{\text{kV}}{\text{cm}}$

Seil aus Profildrähten . . $\mathfrak{E}_D = 19{,}1 \ldots 20{,}5 \, \frac{\text{kV}}{\text{cm}}$

Bei Regen geht die Durchbruchsfeldstärke auf $9{,}9 \ldots 10{,}6 \, \frac{\text{kV}}{\text{cm}}$

Nach einer neueren Arbeit von Biermanns [8] hat sich für praktische Fälle ein oberer Grenzwert von $\mathfrak{E}_D = 15 \, \frac{\text{kV}}{\text{cm}}$ bewährt, durch den die verschiedenen Beeinflussungen berücksichtigt werden.

Da im Beispiel 21 die Feldstärke von $\mathfrak{E}_0 = 15{,}85 \, \frac{\text{kV}}{\text{cm}}$ höher als der Mittelwert von $15 \, \frac{\text{kV}}{\text{cm}}$ ist, werden auf der Leitung Koronaverluste auftreten.

In vielen Arbeiten über Koronaverluste wird eine Gleichung für die sog. kritische Spannung U_{kr} angegeben, bei der die Korona einsetzt. Man erhält diesen Wert aus Gl. (174), wenn man berücksichtigt, daß der Wert R des Bleimantelradius eines Kabels durch den Leiterabstand d bei einer Freileitung zu ersetzen ist. Die kritische Spannung, bei Drehstrom als Strangwert U_{St}, ist dann:

$$U_{St_{kr}} = r \cdot \mathfrak{E}_D \cdot \ln\left(\frac{d}{r}\right) \, [\text{kV}] \tag{194}$$

Beispiel 23

Wie groß sind die Strahlungs- (Korona-) Verluste der Leitung des Beispiels 21?

Setzt man den erwähnten Mittelwert für die Durchbruchsfeldstärke $\mathfrak{E}_D = 15 \frac{\text{kV}}{\text{cm}}$ ein, so ergibt sich:

$$U_{St_{kr}} = 15 \cdot r \cdot \ln\left(\frac{d}{r}\right) [\text{kV}] \tag{195}$$

Beispiel 22

Wie groß ist die kritische Spannung der Leitung des Beispiels 19?

Lösung:

Der Abstand der Leiter ist $d = 421$ cm, der Radius der Leitung $r = 0{,}625$ cm. Nach Gl. (195) ist die kritische Spannung:

$$U_{St_{kr}} = 15 \cdot r \cdot \ln\left(\frac{d}{r}\right) = 15 \frac{\text{kV}}{\text{cm}} \cdot 0{,}625 \text{ cm} \cdot \ln\left(\frac{421}{0{,}625}\right)$$

$$= 15 \cdot 0{,}625 \cdot \ln 674 = 15 \cdot 0{,}625 \cdot 6{,}513$$

$$\underline{\underline{U_{St_{kr}} = 61{,}1 \text{ kV}}}$$

Der Strangwert der Betriebsspannung ist:

$$U_{St} = \frac{110}{1{,}73} \text{kV} = \underline{\underline{63{,}5 \text{ kV}}}$$

Da die Strangspannung des Netzes, wenn auch nur sehr wenig, größer ist als die kritische Strangspannung, werden Strahlungserscheinungen auf der Leitung auftreten. Das gleiche ergab sich bei der Berechnung mit Hilfe der Feldstärken.

Der Strahlungs- oder Koronaverlust ist ein reiner Wirkverlust, der den Spannungsverlust der Leitung erhöht. Mit Hilfe der folgenden in der Arbeit von Mayr abgeleiteten Gleichung ist die Berechnung der Verluste möglich. Sie ergibt bessere Werte als die früher allgemein benutzte Gleichung von Peek [9]. Die Koronaverluste berechnen sich zu:

$$N_S = \frac{\gamma \cdot \omega \cdot r^2}{2 \cdot \pi \cdot 9 \cdot 10^9} \mathfrak{E}_0(\mathfrak{E}_0 - \mathfrak{E}_D) \cdot \left(\ln \frac{4 \cdot k \cdot \mathfrak{E}_0}{\omega \cdot r} - 1\right) \left[\frac{\text{kW}}{\text{km}}\right] \tag{196}$$

Darin bedeuten:

- γ einen Zusatzfaktor, Mittelwerte trocken . . . . . . $\gamma = 2$
  beregnet . . . . . . $\gamma = 1{,}4$
- k einen Faktor, der als „Trägerbeweglichkeit" bezeichnet wird. Er hängt von der Polarität der Träger (Ionen), der Luftfeuchtigkeit und Leiterbeschaffenheit ab und ist für praktischen Gebrauch . . . . $k = 1{,}5$
- $\mathfrak{E}_0$ Feldstärke auf Leiteroberfläche $\left[\frac{\text{V}}{\text{cm}}\right]$ Effektivwert
- $\mathfrak{E}_D$ Durchbruchsfeldstärke $\left[\frac{\text{V}}{\text{cm}}\right]$ Effektivwert
- r Leiterradius in cm

Lösung:

Es werden die Faktoren $\gamma = 2$ und $k = 4$ gewählt. Die Feldstärke auf der Leiteroberfläche ist nach dem Ergebnis des Beispiels 21: $\mathfrak{E}_0 = 15{,}85 \frac{\text{kV}}{\text{cm}}$; für die Durchbruchsfeldstärke wird gewählt $\mathfrak{E}_D = 15 \frac{\text{kV}}{\text{cm}}$. Nach Gl. (196) errechnen sich dann die Strahlungsverluste:

$$N_S = \frac{\gamma \cdot \omega \cdot r^2}{2 \cdot \pi \cdot 9 \cdot 10^9} \mathfrak{E}_0 (\mathfrak{E}_0 - \mathfrak{E}_D) \cdot \left(\ln \frac{4k \cdot \mathfrak{E}_0}{\omega \cdot r} - 1\right)$$

$$= \frac{2 \cdot 314 \cdot 0{,}625^2}{2 \cdot 3{,}14 \cdot 9 \cdot 10^9} \cdot 15{,}85 \cdot 10^3 \cdot (15{,}85 - 15) \cdot 10^3 \cdot \ln \left(\frac{4 \cdot 1{,}5 \cdot 15{,}85 \cdot 10^3}{314 \cdot 0{,}625} - 1\right)$$

$$= \frac{0{,}39 \cdot 15{,}85 \cdot 0{,}85}{90} \ln (485 - 1) = 0{,}0583 \cdot \ln 484 = 0{,}0583 \cdot 6{,}18$$

$$N_S = 0{,}359 \frac{\text{kW}}{\text{km}}$$

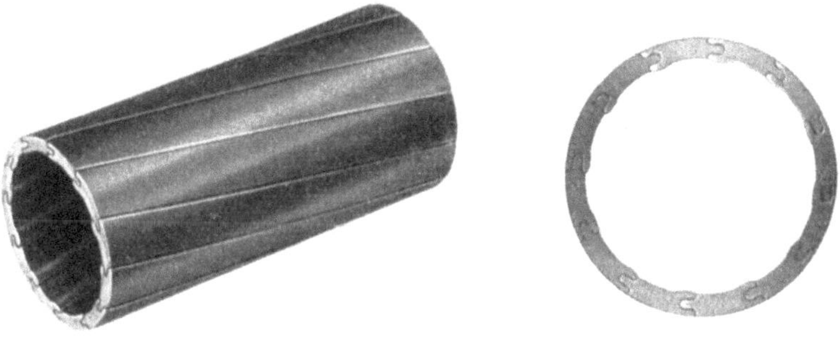

Abb. 54. Ansicht und Querschnitt eines Hohlseils

Das Ergebnis zeigt, daß die Strahlungsverluste für die 110-kV-Leitung gering sind. Sie steigen sehr stark bei höheren Spannungen an und werden so hoch, daß Leitungen mit Spannungen von 300 bis 400 kV und darüber, wie sie zur Zeit geplant und auch schon gebaut werden, ohne besondere Maßnahmen nicht betrieben werden können. Einen Anhalt für diese Maßnahmen ergibt die Betrachtung der Gl. (192) und (196). Beide zeigen, daß die Einsatzfeldstärke der Korona und damit die Verluste hauptsächlich von der Größe des Leiterradius abhängen. Eine Vergrößerung desselben muß die Verluste herabsetzen. Für Höchstspannungsleitungen mit Spannungen von 200 kV und darüber verwendete man daher Hohlseile. Abb. 54 zeigt ein Stück eines solchen und den Querschnitt desselben. Der erforderliche Cu oder Al-Leiterquerschnitt ist auf eine Kreisringfläche verteilt, wodurch der äußere Durchmesser des Seiles vergrößert wird. Das Hohlseil nach Abb. 54 ist aus Profildrähten aufgebaut. Da mit Hohlseilen größere Durchmesser als 45 mm aus konstruktiven Gründen nicht zu erreichen sind, dieser Durchmesser aber für die neuzeitlichen Hochspannungsleitungen noch zu klein ist, verwendet man für diese fast ausschließlich an Stelle der Hohlseile die in Teil 1, Seite 44 besprochenen und in den Abb. 23 und 24 gezeigten Bündelleiter. Ein weiterer Vorteil dieser Leiteranordnung ist, daß ihr Blindwiderstand (Reaktanz) gegenüber gleichwertigen Einzelleitern bedeutend herabgesetzt wird, was sich günstig auf den Spannungsverlust und die gesamte Betriebsführung der Übertragungsleitung auswirkt. Nach Biermanns [8] ist die Induktivität und die Kapazität je km eines Bündelleiters gleich dem eines Einzelleiters mit dem äquivalenten Radius:

$$r' = \varrho \sqrt[n]{n \cdot \frac{r}{\varrho}} \tag{197}$$

worin bedeuten:

ϱ Radius des dem Bündel umschriebenen Kreises, Abb. 55

n Zahl der Bündelleiter

r Radius eines Einzelleiters des Bündels

Wie günstig sich der Bündelleiter gegenüber dem Einzelleiter bei Gleichwertigkeit der elektrischen Eigenschaften verhält, soll folgendes Beispiel zeigen.

Beispiel 24

Wie groß sind die äquivalenten Radien der Einzelleiter bei einem Zweier- und Vierer-Bündel mit dem Radius $\varrho = 20$ cm? Der Leiterradius der Einzelseile beträgt $r = 0{,}945$ cm.

Lösung:

Zweierbündel $n = 2$

Nach Gl. (197) ist der äquivalente Radius:

$$r' = \varrho \sqrt[n]{n \cdot \frac{r}{\varrho}} = 20 \sqrt[2]{2 \cdot \frac{0{,}945}{20}} = 20 \cdot 0{,}0945 = 20 \cdot 0{,}307$$

$$= 6{,}14 \text{ cm}$$

$$\underline{\underline{r' = 61{,}4 \text{ mm}}}$$

Viererbündel $n = 4$

$$r' = \varrho \sqrt[n]{n \cdot \frac{r}{\varrho}} = 20 \sqrt[4]{4 \cdot \frac{0{,}945}{20}} = 20 \sqrt[2]{\sqrt[2]{0{,}189}} = 20 \cdot \sqrt{0{,}435}$$

$$= 20 \cdot 0{,}66 = 13{,}2 \text{ cm}$$

$$\underline{\underline{r' = 132 \text{ mm}}}$$

In Abb. 55 sind die beiden äquivalenten Leiter mit den Radien r' für das Zweierbündel Abb. 55a, für das Viererbündel Abb. 55b aufgezeichnet. Man erkennt, daß mit Hohlseilen diese Durchmesser nicht zu erreichen sind.

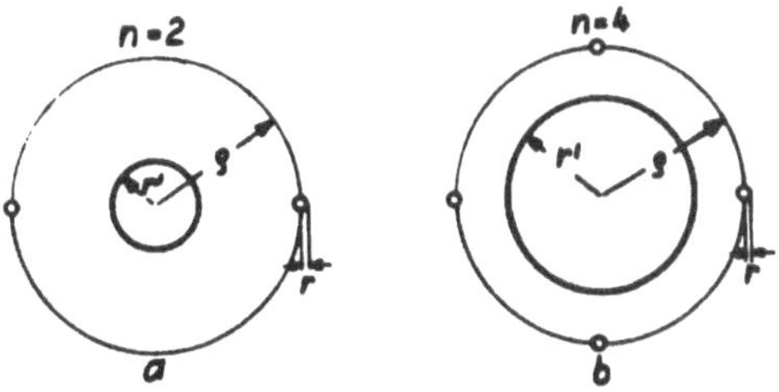

Abb. 55. Äquivalente Radien von Bündelleitern
a) Zweierbündel b) Viererbündel

Wie schon erwähnt, sind die Koronaverluste Wirkverluste. Aus ihnen läßt sich der Strahlungsverluststrom für

$$\text{Einphasenleitungen } I_S = \frac{N_S}{U} \tag{198}$$

$$\text{Drehstromleitungen } I_S = \frac{N_S}{\sqrt{3}\, U} \tag{199}$$

berechnen. Wie den Ladestrom der Betriebskapazität teilt man auch den Strahlungsverluststrom in zwei Teile und läßt die eine Hälfte am Ende, die andere am Anfang der Leitung angreifen. Es ergibt sich folgendes Ersatzschaltbild, Abb. 56, einer Leitung mit Induktivität, Kapazität und Korona.

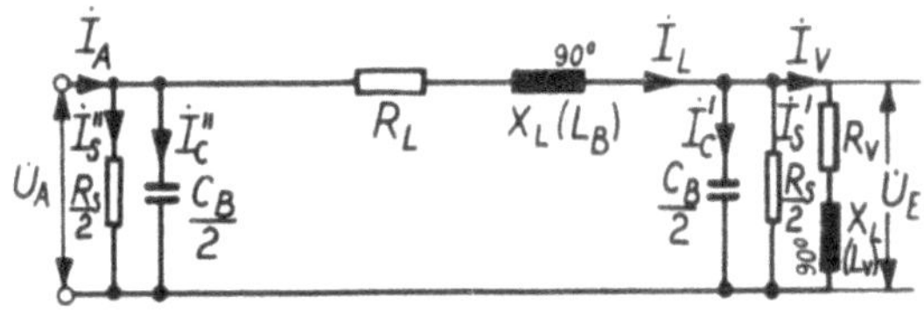

Abb. 56. Ersatzschaltbild einer Leitung mit Induktivität, Kapazität und Korona

In Abb. 57 ist das grundsätzliche Zeigerdiagramm dieser Leitung aufgezeichnet. Es unterscheidet sich von den in Abb. 49 wiedergegebenen dadurch, daß noch der Strahlungsverluststrom I_S, als Wirkstrom in Richtung der zugehörigen Spannung hinzukommt. Der Anteil des Verluststroms am

Ende $\frac{I_S}{2}$ vergrößert den Leitungsstrom I_L und damit den Spannungsverlust, der Anteil am Anfang $\frac{I_S}{2}$ den Speisestrom I_A. Größeren Einfluß haben die Koronaverluste erst bei Höchstspannungsleitungen.

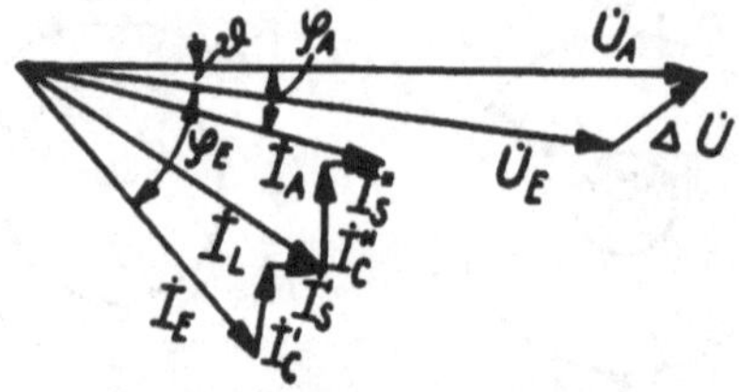

Abb. 57. Grundsätzliches Zeigerdiagramm einer Freileitung mit Induktivität, Kapazität und Korona

III. Übungsaufgaben und ihre Lösungen

A. Aufgaben

Übungsaufgabe 1 zur Seite 3

Die Belastung der Leitung des Beispiels 1 geht während der Nachtstunden auf 49 kW zurück, wobei ein Leistungsfaktor $\cos \varphi_E = 0{,}9$ kap. auftritt. Die gleichen Werte wie im Beispiel 1 sind zu ermitteln!

Übungsaufgabe 2 zur Seite 8

Die Leitungsanlage nach Abb. 58 ist für eine Wechselspannung von 220 V mit 2,2% Spannungsverlust, als Zweileiterkabel mit Al-Leitern verlegt, zu berechnen!

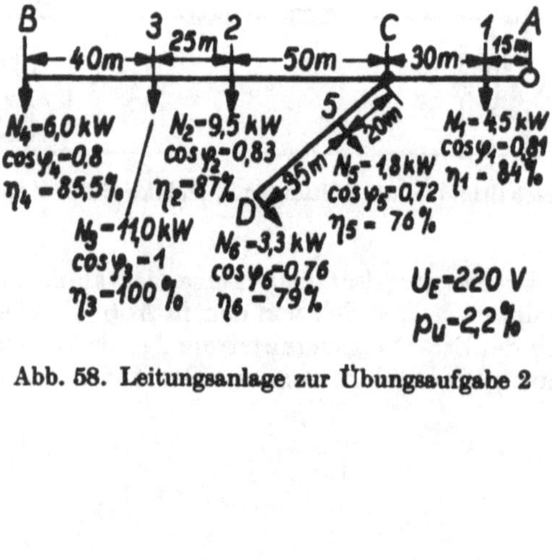

Abb. 58. Leitungsanlage zur Übungsaufgabe 2

Übungsaufgabe 3 zur Seite 14

Wie groß wird der Cu-Querschnitt der Leitungsanlage des Beispiels 4, wenn die Netzspannung auf 380 V erhöht und die Leitung als Vierleiteranlage ausgeführt wird? Der Spannungsverlust soll wie zuvor 2,5% betragen. Der Leitungsbedarf der drei Ausführungen, Beispiel 3, 4 und dieser Übungsaufgabe ist zu vergleichen!

Übungsaufgabe 4 zur Seite 41

Die Betriebsinduktivität der Drehstrom-Hochspannungs-Doppelleitung mit dem Mastbild nach Abb. 59 sind für beide Verdrillungsarten α und β zu berechnen!

Übungsaufgabe 5 zur Seite 55

Da der errechnete Spannungsverlust der Leitung im Beispiel 13 über dem gewünschten von 5% liegt, ist die Leitung nochmals mit einem Cu-Querschnitt von 70 mm² durchzurechnen!

Übungsaufgabe 6 zur Seite 83

Eine Drehstrom-Einfachleitung ist nach dem Mastbild der Abb. 60 ausgeführt. Ihre Kapazitäten sind zu berechnen, wenn

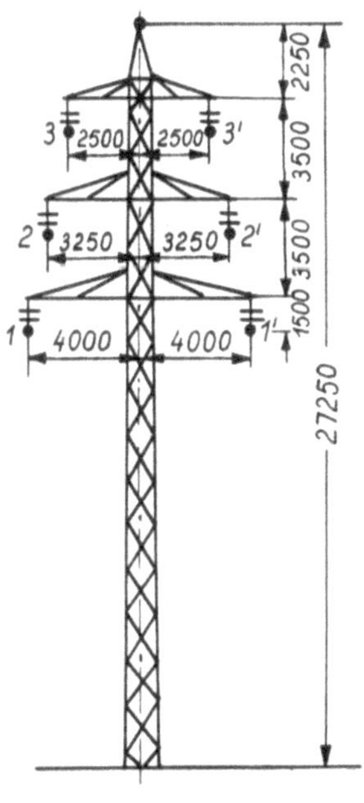

Abb. 59. Mastbild der Leitung der Übungsaufgabe 4

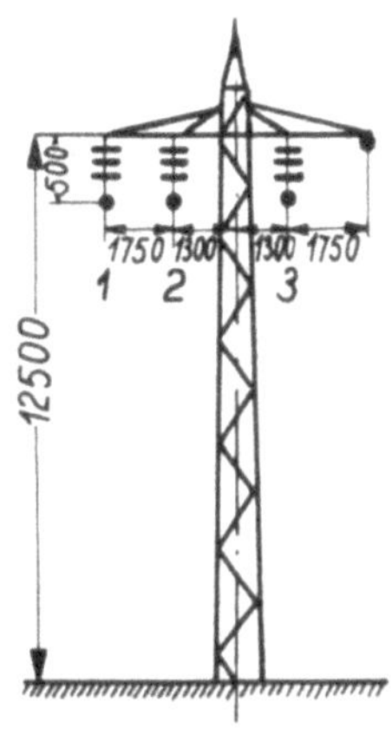

Abb. 60. Mastbild zur Leitung der Übungsaufgabe 6

a) drei Stahlaluminiumseile 70/12 und ein Stahlseil von 50 mm² verlegt sind, wobei das letztere als Erdseil dient,

b) vier Stahlaluminiumseile 70/12 verlegt sind, wobei das vierte Seil als Reserveleitung benutzt wird. Verdrillt sind nur die Leiter 1, 2 und 3.

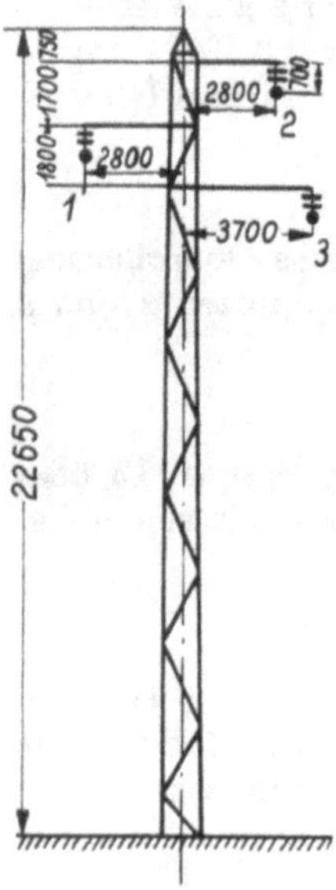

Abb. 61. Mastbild der Leitung zur Übungsaufgabe 8

Übungsaufgabe 7 zur Seite 83

Die verschiedenen Kapazitäten der Hochspannungsleitung nach Übungsaufgabe 4, Abb. 59, sind zu ermitteln, wenn der Querschnitt des Erdseiles 50 mm² beträgt!

Übungsaufgabe 8 zur Seite 96

Eine Einfach-Drehstromleitung aus Stahlaluminiumseilen mit dem Mastbild, Abb. 61, soll über eine Entfernung von 50 km eine Leistung von 10000 kW übertragen, wobei am Ende eine Spannung von 60 kV, 50 Hz, bei einem Leistungsfaktor $\cos\varphi_E = 0{,}73$ herrschen soll. Der Berechnung ist ein Leistungsverlust von 4,5% zugrunde zu legen.

Übungsaufgabe 9 zur Seite 91 und 96

Am Ende eines Dreimantelkabels von 39 km Länge soll eine Leitung von 2400 kW bei einer Drehstromspannung von 45 kV, 50 Hz, und einem Leistungsfaktor $\cos\varphi_E = 0{,}7$ zur Verfügung stehen. Der Leistungsverlust darf 5,5% betragen.

B. Lösungen der Übungsaufgaben

Aufgabe 1

Gegeben: $N_E = 49$ kW, $U_E = 500$ V, $\cos\varphi_E = 0{,}9$ kap., $R_l = 0{,}0643\ \Omega$

Gesucht: Spannungsverlust ΔU, Spannung U_A, Leistungsfaktor $\cos\varphi_A$, Leistung N_A

Lösung:

1. Ermittlung des Stromes

Nach Gl. (47) ist der Strom in der Leitung:

$$I = \frac{N_E}{U_E \cdot \cos\varphi_E} = \frac{49 \cdot 10^3\ \text{W}}{500\ \text{V} \cdot 0{,}9} = \underline{\underline{109\ \text{A}}}$$

Der Leistungsfaktor $\cos\varphi_E = 0{,}9$ kap. bewirkt, daß der Strom um den Winkel $\varphi_E = 25{,}84^0$ der Spannung U_E voreilt.

$$\mathfrak{I} = \underline{109\ e^{j\,25{,}84^\circ}}$$

2. Berechnung des Spannungsverlustes

Der Spannungsverlust ergibt sich aus Gl. (53):

$$\Delta \dot{U} = \dot{I} \cdot R_l = 109 e^{j\,25{,}84^\circ} \cdot 0{,}0643 = \underline{7 e^{j\,25{,}84^\circ}}$$

$$= 7 \cdot (0{,}9 + j\,0{,}4358) = 6{,}3 + j\,3{,}05$$

$$\underline{\underline{\Delta U = 7\ \mathrm{V}}}$$

3. Spannung und Leistungsfaktor am Anfang der Leitung

Die Spannung am Anfang der Leitung ist nach Gl. (54):

$$\dot{U}_A = \dot{U}_E + \Delta \dot{U} = 500 + j\,0$$

$$+ \quad 6{,}3 + j\,3{,}05$$

$$\dot{U}_A = 506{,}3 + j\,3{,}05 = 506{,}31\, e^{j\,0{,}4^\circ}$$

$$\underline{\underline{U_A = 506\ \mathrm{V}}}$$

Abb. 62. Zeigerdiagramm der Leitung zur Übungsaufgabe 1

In Abb. 62 ist das Zeigerdiagramm für die Leitung des Beispiels 1 wiedergegeben für die in der Übungsaufgabe 1 geforderte voreilende Belastung. Das Diagramm ist nicht ganz maßstäblich. Damit die Phasenverschiebungswinkel deutlicher zu sehen sind, ist der Spannungsverlust vergrößert eingezeichnet. Aus dem Diagramm ergibt sich wieder, vergleiche Abb. 4, der Phasenverschiebungswinkel am Anfang der Leitung:

$$\varphi_A = \varphi_E - \vartheta = 25{,}84^0 - 0{,}4^0 = 25{,}44^0$$

$$\underline{\underline{\cos \varphi_A = 0{,}903 \text{ kap.}}}$$

4. Leistung am Anfang der Leitung

$$N_A = U_A \cdot I \cdot \cos \varphi_A = 506\ \mathrm{V} \cdot 109\ \mathrm{A} \cdot 0{,}903 = 50000\ \mathrm{W} = \underline{\underline{50{,}0\ \mathrm{kW}}}$$

$$p_N = \frac{50{,}0\ \mathrm{kW} - 49\ \mathrm{kW}}{49\ \mathrm{kW}}\, 100 = \underline{2{,}04\ \%}$$

$$p_U = \frac{506\ \mathrm{V} - 500\ \mathrm{V}}{500\ \mathrm{V}}\, 100 = \underline{1{,}2\%}$$

Aufgabe 2

Gegeben: Werte der Leitung Abb. 58, $U_E = 220$ V, $p_U = 2{,}2$ %

Gesucht: Al-Querschnitt q, Nachprüfen des Spannungsverlustes, Prüfung auf Erwärmung

Lösung:

a) Ermittlung der Ströme

$$I_1 = \frac{N_1}{U \cdot \cos\varphi_1 \cdot \eta_1} = \frac{4{,}5 \cdot 10^3\ \mathrm{W}}{220\ \mathrm{V} \cdot 0{,}81 \cdot 0{,}84} = \underline{30\ \mathrm{A}}$$

$$I_2 = \frac{9{,}5 \cdot 10^3\ \mathrm{W}}{220\ \mathrm{V} \cdot 0{,}83 \cdot 0{,}87} = \underline{60\ \mathrm{A}} \qquad I_3 = \frac{11{,}0 \cdot 10^3\ \mathrm{W}}{220\ \mathrm{V} \cdot 1 \cdot 1} = \underline{50\ \mathrm{A}}$$

$$I_4 = \frac{6{,}0 \cdot 10^3\ \mathrm{W}}{220\ \mathrm{V} \cdot 0{,}8 \cdot 0{,}855} = \underline{40\ \mathrm{A}} \qquad I_5 = \frac{1{,}8 \cdot 10^3\ \mathrm{W}}{220\ \mathrm{V} \cdot 0{,}72 \cdot 0{,}76} = \underline{15\ \mathrm{A}}$$

$$I_6 = \frac{3{,}3 \cdot 10^3\ \mathrm{W}}{220\ \mathrm{V} \cdot 0{,}76 \cdot 0{,}79} = \underline{25\ \mathrm{A}}$$

In komplexer Form:

$$\begin{aligned}
\dot{I}_1 &= 30 \cdot (0{,}81 - j\,0{,}5864) = & & 24{,}3 - j\ 17{,}6\\
\dot{I}_2 &= 60 \cdot (0{,}83 - j\,0{,}5577) = 49{,}8 - j\,33{,}5 & &\\
\dot{I}_3 &= 50 \cdot (1{,}0 - j\,0\quad) = 50{,}0 - j\ 0 & &\\
\dot{I}_4 &= 40 \cdot (0{,}8 - j\,0{,}6\quad) = \underline{32{,}0 - j\,24{,}0} & &\\
\dot{I}_2 + \dot{I}_3 + \dot{I}_4 &= 131{,}8 - j\,57{,}5 & & 131{,}8 - j\ 57{,}5\\
\dot{I}_5 &= 15 \cdot (0{,}72 - j\,0{,}694) = 10{,}8 - j\,10{,}4 & &\\
\dot{I}_6 &= 25 \cdot (0{,}76 - j\,0{,}65) = \underline{19{,}0 - j\,16{,}3} & &\\
\dot{I}_5 + \dot{I}_6 &= 29{,}8 - j\,26{,}7 & & \underline{29{,}8 - j\ 26{,}7}\\
& & \dot{I}_{\mathrm{Ges}} &= 185{,}9 - j\,101{,}8
\end{aligned}$$

In Abb. 63 ist die Leitung mit den errechneten Strömen aufgezeichnet.

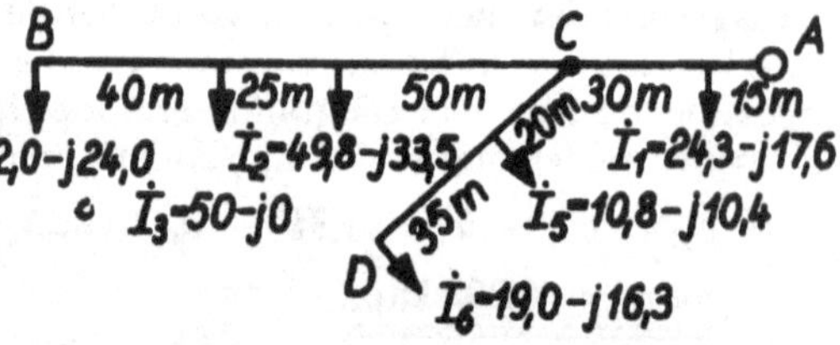

Abb. 63. Leitung mit eingetragenen Strömen

b) Berechnung des Hauptstranges A—C—B

1. Querschnittsberechnung

Der Spannungsverlust ist:

$$\Delta U = \frac{2{,}2}{100} \cdot 220\ \mathrm{V} = 4{,}84\ \mathrm{V}$$

Nach Gl. (58a) ist der Querschnitt:

$$q_{AB} = \frac{2 \cdot \Sigma (I \cdot l)_{AB}}{\varkappa \cdot \Delta U} = \frac{2 \cdot 19\,500 \text{ Am}}{35 \frac{\text{m}}{\Omega \text{ mm}^2} \cdot 4{,}84 \text{ V}} = \underline{230 \text{ mm}^2}$$

Gewählt: $\underline{\underline{q_{AB} = 240 \text{ mm}^2 \text{ Al}}}$

Summe der Strommomente

$$\begin{aligned}
(24{,}3 - j\,17{,}6) \cdot 15 &= 365 - j\,264 \\
(29{,}8 - j\,26{,}7) \cdot 45 &= 1\,341 - j\,1202 \\
(49{,}8 - j\,33{,}5) \cdot 95 &= 4\,731 - j\,3183 \\
(50{,}0 - j\,0\,) \cdot 120 &= 6\,000 - j\,0 \\
(32{,}0 - j\,24{,}0) \cdot 160 &= 5\,120 - j\,3840 \\
\Sigma (\mathfrak{I} \cdot l)_{AB} &= 17\,557 - j\,8489 \\
\Sigma (I \cdot l)_{AB} &= 10^3 \cdot \sqrt{17{,}557^2 + 8{,}489^2} \\
&= 10^3 \cdot \sqrt{380{,}3} = 19\,500 \text{ Am}
\end{aligned}$$

2. Nachprüfen des Spannungsverlustes

Nach Gl. (58) ist:

$$\Delta U_{AB} = \frac{2 \Sigma (I \cdot l)_{AB}}{\varkappa \cdot q_{AB}} = \frac{2 \cdot 19\,500 \text{ Am}}{35 \frac{\text{m}}{\Omega \text{ mm}^2} \cdot 240 \text{ mm}^2} = \underline{4{,}64 \text{ V}} \ (2{,}11\%)$$

3. Prüfung auf Erwärmung

Der Speisestrom ist (siehe unter 1.):

$$I_{Ges} = 185{,}9 - j\,101{,}8 = 211{,}8\, e^{-j\,28{,}68^\circ}$$

$$I_{Ges} = \underline{212 \text{ A}}$$

Nach Belastungstafel 10, Spalte 6, Teil 1, Seite 57 kann ein Al-Querschnitt von 240 mm² mit 455 A belastet werden. Der gewählte Querschnitt reicht vollkommen aus.

c) Berechnung des Nebenstranges C—D

1. Ermittlung des Spannungsverlustes A—C

Nach Gl. (58) ist

$$\Delta U_{AC} = \frac{2 \cdot \Sigma (I \cdot l)_{AC}}{\varkappa \cdot q_{AC}} = \frac{2 \cdot 8646 \text{ Am}}{35 \frac{\text{m}}{\Omega \text{ mm}^2} \cdot 240 \text{ mm}^2} = \underline{\underline{2{,}06 \text{ V}}}$$

Summe der Strommomente

$$\begin{aligned}
& 365 - j\,264 \\
& 1341 - j\,1201 \\
(131{,}8 - j\,57{,}5) \cdot 45 &= 5931 - j\,2588 \\
\Sigma (\mathfrak{I} \cdot l)_{AC} &= 7637 - j\,4053 \\
\Sigma (I \cdot l)_{AC} &= 10^3 \cdot \sqrt{7{,}637^2 + 4{,}053^2} \\
&= 10^3 \cdot \sqrt{74{,}75} = 8646 \text{ Am}
\end{aligned}$$

2. Ermittlung des Spannungsverlustes C—D

$$\Delta U_{CD} = \Delta U - \Delta U_{AC} = 4{,}84 \text{ V} - 2{,}06 \text{ V} = \underline{\underline{2{,}78 \text{ V}}}$$

3. **Querschnittsberechnung**

Nach Gl. (58a) ist:

$$q_{CD} = \frac{2 \cdot \Sigma (\dot{I} \cdot l)_{CD}}{\varkappa \cdot \Delta U_{CD}} = \frac{2 \cdot 1678 \text{ Am}}{35 \frac{\text{m}}{\Omega \text{ mm}^2} \cdot 2{,}78 \text{ V}} = \underline{34{,}4 \text{ mm}^2}$$

$$q_{CD} = 35 \text{ mm}^2 \text{ Al}$$

Summe der Strommomente

$$(10{,}8 - j\,10{,}4) \cdot 20 = 216 - j\,208$$
$$(19{,}0 - j\,16{,}3) \cdot 55 = \underline{1045 - j\,897}$$
$$\Sigma (\dot{I} \cdot l)_{CD} = 1261 = j\,1105$$
$$\Sigma (I \cdot l)_{CD} = 10^2 \cdot \sqrt{12{,}61^2 + j\,11{,}05^2}$$
$$= 10^2 \cdot \sqrt{281{,}6} = 1678 \text{ Am}$$

4. **Nachprüfen des Spannungsverlustes**

Nach Gl. (58) ist:

$$\Delta U_{CD} = \frac{2 \cdot 1678 \text{ Am}}{35 \frac{\text{m}}{\Omega \text{ mm}^2} \cdot 35 \text{ mm}^2} = \underline{2{,}73 \text{ V}}$$

$$\Delta U_{AD} = \Delta U_{AC} + \Delta U_{CD} = 2{,}06 \text{ V} + 2{,}73 \text{ V} = \underline{\underline{4{,}79 \text{ V}}} \ (2{,}18\%)$$

Der Spannungsverlust liegt innerhalb des zulässigen.

5. **Prüfung auf Erwärmung**

Der gesamte Strom im Abzweig ist:

$$\dot{I}_5 + \dot{I}_6 = 29{,}8 - j\,26{,}7 = 39{,}9\, e^{-j\,41{,}86°}$$
$$I_5 + I_6 = \underline{39{,}9 \text{ A}}$$

Nach Belastungstafel 10, Spalte 6, Teil 1, Seite 57 darf ein Al-Querschnitt von 35 mm² mit 150 A belastet werden. Der gewählte Querschnitt reicht aus.

Aufgabe 3

Gegeben: Leitungswerte nach Abb. 12, $U_E = 380$ V Drehstrom, $p_U = 2{,}5\%$.

Gesucht: Querschnitt q, Spannungsverlust ΔU, Vergleich der Gewichte

Lösung:

1. **Ermittlung der Ströme**

Da die Spannung auf den $\sqrt{3} = 1{,}73$fachen Wert erhöht wurde, müssen die Stromwerte des Beispiels 4 durch $\sqrt{3}$ geteilt werden.

$$I_1 = \frac{23{,}1\ \text{A}}{1{,}73} = \underline{13{,}33\ \text{A}} \qquad \mathfrak{I}_1 = 13{,}33 - j\ 0$$

$$I_2 = \frac{14{,}45\ \text{A}}{1{,}73} = \underline{8{,}35\ \text{A}} \qquad \mathfrak{I}_2 = 4{,}45 - j\ 7{,}14$$

$$I_3 = \frac{28{,}9\ \text{A}}{1{,}73} = \underline{16{,}67\ \text{A}} \qquad \mathfrak{I}_3 = 10{,}84 - j\ 12{,}67$$

2. Bestimmung des Speisestroms

Den Speisestrom erhält man, wenn man ebenfalls denselben des Beispiels 4 durch $\sqrt{3}$ teilt.

$$\mathfrak{I}_A = \frac{1}{\sqrt{3}}(27{,}1 - j\ 11{,}6) = 15{,}67 - j\ 6{,}7 = 17{,}1\ e^{-j\ 23{,}17^\circ}$$

$$\underline{\underline{I_A = 17{,}1\ \text{A}}}$$

3. Feststellen des Punktes tiefster Spannung

$$\begin{aligned} \mathfrak{I}_A &= 15{,}67 - j\ 6{,}7 \\ -\mathfrak{I}_1 &= 13{,}33 - j\ 0 \\ \mathfrak{I}_2' &= 2{,}34 - j\ 6{,}7 \end{aligned}$$

Die Leitung wird wieder im Abnehmerpunkt 2 aufgeschnitten.

4. Querschnittsberechnung

Der Spannungsverlust ist jetzt nach Gl. (62):

$$\Delta U_{St} = \frac{p_U \cdot U_B}{100 \cdot \sqrt{3}} = \frac{2{,}5 \cdot 380\ \text{V}}{100 \cdot 1{,}73} = \underline{5{,}5\ \text{V}}$$

Der Querschnitt errechnet sich nach Gl. (61a):

$$q = \frac{\Sigma (I \cdot l)_{A2}}{\kappa \cdot \Delta U_{St}} = \frac{795\ \text{Am}}{56\ \frac{\text{m}}{\Omega\ \text{mm}^2} \cdot 5{,}5\ \text{V}} \qquad q = \underline{2{,}58\ \text{mm}^2}$$

Gewählt: $\underline{\underline{q = 4\ \text{mm}^2\ \text{Cu}}}$ $\qquad \underline{\underline{q_{Mp} = 2{,}5\ \text{mm}^2\ \text{Cu}}}$

Summe der Strommomente

$$\Sigma (I \cdot l)_{A2} = \frac{1372\ \text{Am}}{1{,}73} = 795\ \text{A}$$

5. Prüfung auf Erwärmung

Die Speiseströme sind:

$$I_A = \underline{17{,}1\ \text{A}} \qquad I_B = \frac{1}{\sqrt{3}} \cdot 31{,}79\ \text{A} = \underline{18{,}4\ \text{A}}$$

Nach Belastungstafel 3, Spalte 2, Teil 1, Seite 12 kann ein Cu-Querschnitt von 4 mm² mit einem Strom von 27 A belastet werden. Der gewählte Querschnitt reicht aus.

6. Nachprüfen des Spannungsverlustes

$$\Delta U_{St} = \frac{795\ \text{Am}}{56 \frac{\text{m}}{\Omega\ \text{mm}^2} \cdot 4\ \text{mm}^2} = \underline{\underline{3{,}55\ \text{V}}}$$

Gl. (62) nach p_U umgestellt:

$$p_U = \frac{\Delta U_{St} \cdot 100 \cdot \sqrt{3}}{U_B} = \frac{3{,}55\ \text{V} \cdot 100 \cdot 1{,}73}{380\ \text{V}} = \underline{\underline{1{,}61\%}}$$

Der Spannungsverlust liegt weiter unter dem zulässigen Wert von

$$\Delta U_{St} = 5{,}5\ \text{V, entsprechend}\ 2{,}5\,\%.$$

7. Berechnung und Vergleich der Gewichte

Einphasenleitung $U_E = 220$ V (Beispiel 3)

$$2 \cdot 16\ \text{mm}^2 = 32\ \text{mm}^2$$

$$G = 155 \cdot 10\ \text{dm} \cdot 32 \cdot 10^{-4}\ \text{dm}^2 \cdot 8{,}9\ \frac{\text{kg}}{\text{dm}^3} = \underline{44{,}2\ \text{kg}}$$

Drehstromleitung $U_E = 3 \times 220$ V (Beispiel 4)

$$3 \cdot 10\ \text{mm}^2 = 30\ \text{mm}^2$$

$$G = 155 \cdot 10\ \text{dm} \cdot 30 \cdot 10^{-4}\ \text{dm}^2 \cdot 8{,}9\ \frac{\text{kg}}{\text{dm}^3} = \underline{41{,}4\ \text{kg}}$$

Drehstromleitung (Vierleiteranlage) $U_E = 3 \times 380/220$ V (Übungsaufgabe 3)

$$3 \cdot 4\ \text{mm}^2 = 12\ \text{mm}^2 + 2{,}5\ \text{mm}^2 = 14{,}5\ \text{mm}^2$$

$$G = 155 \cdot 10\ \text{dm} \cdot 14{,}5 \cdot 10^{-4}\ \text{dm}^2 \cdot 8{,}9\ \frac{\text{kg}}{\text{dm}^3} = \underline{20{,}0\ \text{kg}}$$

Setzt man das Gewicht der Vierleiteranlage gleich 1, so verhalten sich die Gewichte

$$20 : 41{,}4 : 44{,}2 = 1 : 2{,}07 : 2{,}2$$

Das Gewicht der Vierleiteranlage liegt unter der Hälfte der anderen. der Spannungsverlust ist bei ihr günstiger. Wie bei den beiden anderen Anlagen können Glühlampen an 220 V, zwischen einem Haupt- und dem Sternpunktsleiter, angeschlossen. Die Vierleiteranlage ist bei weitem wirtschaftlicher als die beiden anderen.

Aufgabe 4

Gegeben: Abmessungen der Abb. 59, $q = 120$ mm² Al

Gesucht: Betriebsinduktivität L_B für Verdrillung α und β

Lösung:

1. Berechnung der Leiterabstände

Aus den Abmessungen der Abb. 59 berechnen sich mit Hilfe rechtwinkliger Dreiecke die folgenden Leiterabstände:

$$d_{12} = d_{23} = \sqrt{75^2 + 350^2} = 10^2 \cdot \sqrt{12{,}8125} = \underline{358\text{ cm}}$$

$$d_{31} = \sqrt{150^2 + 700^2} = 10^2 \cdot \sqrt{51{,}25} = \underline{715\text{ cm}}$$

Aus diesen drei Abständen ergibt sich nach Gl. (90) der Mittelwert:

$$d_m = \sqrt[3]{d_{12} \cdot d_{23} \cdot d_{31}} = 10^2 \cdot \sqrt[3]{3{,}58 \cdot 3{,}58 \cdot 7{,}15} = 10^2 \cdot \sqrt[3]{92} = \underline{\underline{451\text{ cm}}}$$

$$d_{12'} = \sqrt{725^2 + 350^2} = 10^2 \cdot \sqrt{64{,}815} = \underline{805\text{ cm}}$$

$$d_{23'} = \sqrt{575^2 + 350^2} = 10^2 \cdot \sqrt{45{,}3125} = \underline{673\text{ cm}}$$

$$d_{31'} = \sqrt{650^2 + 700^2} = 10^2 \cdot \sqrt{91{,}25} = \underline{955\text{ cm}}$$

Hieraus nach Gl. (93) folgender Mittelwert:

$$d' = \sqrt[3]{d_{12'} \cdot d_{23'} \cdot d_{31'}} = 10^2 \cdot \sqrt[3]{8{,}05 \cdot 6{,}73 \cdot 9{,}55} = 10^2 \cdot \sqrt[3]{516} = \underline{\underline{802\text{ cm}}}$$

$$d_{11'} = \underline{800\text{ cm}} \qquad d_{22'} = \underline{650\text{ cm}} \qquad d_{33'} = \underline{500\text{ cm}}$$

Aus den drei Werten nach Gl. (94) der Mittelwert:

$$d'' = \sqrt[3]{d_{11'} \cdot d_{22'} \cdot d_{33'}} = 10^2 \cdot \sqrt[3]{8{,}0 \cdot 6{,}5 \cdot 5{,}0} = 10^2 \cdot \sqrt[3]{260} = \underline{\underline{638\text{ cm}}}$$

2. Berechnung der Betriebsinduktivität

Nach Tafel 5, Spalte 3, Teil 1, Seite 16 ist der Durchmesser eines Aluminiumseiles mit einem Querschnitt von 120 mm² gleich 14 mm, also

$$r = 0{,}7\text{ cm}$$

Die Betriebsinduktivität für die **Verdrillung** α errechnet sich nach Gl. (97):

$$L_B = \left[0{,}5 + 2 \cdot \ln\left(\frac{d_m \cdot d'}{r \cdot d''}\right)\right] \cdot 10^{-4} = \left[0{,}5 + 2 \cdot \ln\left(\frac{451 \cdot 802}{0{,}7 \cdot 638}\right)\right] \cdot 10^{-4}$$

$$= [0{,}5 + 2 \cdot \ln 810]\, 10^{-4} = [0{,}5 + 2 \cdot 6{,}697]\, 10^{-4} = \underline{13{,}894 \cdot 10^{-4}}$$

$$\underline{\underline{L_B = 1{,}389 \cdot 10^{-4}\,\frac{\text{H}}{\text{km}}}}$$

Für die **Verdrillung** β ist die Betriebsinduktivität nach Gl. (91):

$$L_B = \left[0{,}5 + 2 \cdot \ln\left(\frac{d_m}{r}\right)\right] \cdot 10^{-4} = \left[0{,}5 + 2 \cdot \ln\left(\frac{451}{0{,}7}\right)\right] \cdot 10^{-4}$$

$$= [0{,}5 + 2 \cdot \ln 645] \cdot 10^{-4} = [0{,}5 + 2 \cdot 6{,}469] \cdot 10^{-4} = \underline{13{,}438 \cdot 10^{-4}}$$

$$\underline{\underline{L_B = 1{,}344 \cdot 10^{-4}\text{ H}}}$$

Aufgabe 5

Gegeben: Belastungswerte des Beispiels 13, $q = 70\ \text{mm}^2$ Cu, $d = 65$ cm

Gesucht: Spannungsverlust ΔU

Lösung:

1. Berechnung der Leitungswerte

a) Ermittlung der Betriebsinduktivität

Nach Tafel 5, Spalte 3, Teil 1, Seite 16 hat ein Kupferseil mit einem Querschnitt von 70 mm² einen Durchmesser von 10,5 mm, also

$$r = 0{,}525\ \text{cm}$$

nach Spalte 4 einen Wirkwiderstand von

$$\underline{R_L = 0{,}27\ \frac{\Omega}{\text{km}}}$$

Die Betriebsinduktivität ist nach Gl. (91):

$$L_B = \left[0{,}5 + 2 \cdot \ln\left(\frac{d}{r}\right)\right] \cdot 10^{-4} = \left[0{,}5 + 2 \cdot \ln\left(\frac{65}{0{,}525}\right)\right] \cdot 10^{-4}$$

$$= [0{,}5 + 2 \cdot \ln 123{,}8] \cdot 10^{-4} = [0{,}5 + 2 \cdot 4{,}819] \cdot 10^{-4} = \underline{10{,}138 \cdot 10^{-4}}$$

$$\underline{\underline{L_B = 1{,}014\ 10^{-3}\ \frac{\text{H}}{\text{km}}}}$$

b) Berechnung der Leitungswiderstände

Der ind. Blindwiderstand ist:

$$X_L = \omega \cdot L_B = 314\ \text{s}^{-1} \cdot 1{,}014\ \frac{\Omega\ \text{s}}{\text{km}} = 0{,}318\ \frac{\Omega}{\text{km}}$$

Der Scheinwiderstand ist:

$$Z_L = \sqrt{R_L^2 + X_L^2} = \sqrt{0{,}27^2 + 0{,}318^2} = \sqrt{0{,}174} = \underline{0{,}417\ \frac{\Omega}{\text{km}}}$$

$$\underline{\underline{\mathfrak{Z}_L = 0{,}417\ e^{j\,49{,}68^\circ}}}$$

$$\mathfrak{Z}_{L_5} = 0{,}417\ e^{j\,49{,}68^\circ} \cdot 2{,}5 = 1{,}043\ e^{j\,49{,}68^\circ}$$

$$\mathfrak{Z}_{L_4} = 0{,}417\ e^{j\,49{,}68^\circ} \cdot 7{,}5 = 3{,}128\ e^{j\,49{,}68^\circ}$$

$$\mathfrak{Z}_{L_3} = 0{,}417\ e^{j\,49{,}68^\circ} \cdot 5 = 2{,}086\ e^{j\,49{,}68^\circ}$$

$$\mathfrak{Z}_{L_2} = 0{,}417\ e^{j\,49{,}68^\circ} \cdot 6 = 2{,}502\ e^{j\,49{,}68^\circ}$$

$$\mathfrak{Z}_{L\,Ges} = 0{,}417\ e^{j\,49{,}68^\circ} \cdot 24 = 10{,}01\ e^{j\,49{,}68^\circ}$$

Ermittlung des Winkels

$$\text{tg}\ \varphi = \frac{0{,}318}{0{,}27} = 1{,}178$$

$$\varphi = 49{,}68^\circ$$

2. Berechnung der Speiseströme

Summe der Strommomente $(\dot{I} \cdot \dot{Z})_{BA}$:

$$(\dot{I}_1 + \dot{I}_2 + \dot{I}_3 + \dot{I}_4) \cdot \dot{Z}_5 = 58{,}62\, e^{-j\, 33{,}14^0} \cdot 1{,}043\, e^{j\, 49{,}68^0}$$
$$= 61{,}1\, e^{j\, 16{,}54^0} = 61{,}1 \cdot (0{,}9586 + j\, 0{,}2847) = \quad 58{,}6 + j\, 17{,}4$$

$$(\dot{I}_1 + \dot{I}_2 + \dot{I}_3) \cdot \dot{Z}_4 = 47{,}32\, e^{-j\, 33{,}49^0} \cdot 3{,}128\, e^{j\, 49{,}68^0}$$
$$= 148\, e^{j\, 16{,}19^0} = 148 \cdot (0{,}9604 + j\, 0{,}2788) = 142{,}0 + j\, 41{,}3$$

$$(\dot{I}_1 + \dot{I}_2) \cdot \dot{Z}_3 = 22{,}42\, e^{-j\, 25{,}54^0} \cdot 2{,}086\, e^{j\, 49{,}68^0}$$
$$= 46{,}8\, e^{j\, 26{,}14^0} = 46{,}8 \cdot (0{,}9125 + j\, 0{,}4089) = \quad 42{,}7 + j\, 19{,}2$$

$$\dot{I}_1 \cdot \dot{Z}_2 = 17{,}4\, e^{-j\, 33{,}83^0} \cdot 2{,}502\, e^{j\, 49{,}68^0}$$
$$= 43{,}6\, e^{j\, 15{,}85^0} = 43{,}6 \cdot (0{,}962 + j\, 0{,}273) \quad = \underline{\quad 41{,}9 + j\, 11{,}9}$$
$$\Sigma\, (\dot{I} \cdot \dot{Z})_{BA} = 285{,}2 + j\, 89{,}8$$

$$\Sigma\, (I \cdot Z)_{BA} = 10^2 \cdot \sqrt{2{,}852^2 + 0{,}898^2} = 10^2 \sqrt{8{,}9393} = 299 \text{ A}$$

$$\operatorname{tg} \varphi = \frac{89{,}8}{285{,}2} = 0{,}3142 \qquad \varphi = 17{,}46^0$$

$$\underline{\underline{\Sigma\, (\dot{I} \cdot \dot{Z})_{BA} = 299\, e^{j\, 17{,}46^0}}}$$

Der Speisestrom ist nach Gl. (105a):

$$\overrightarrow{\dot{I}_A} = \frac{\overleftarrow{\Sigma\, (\dot{I} \cdot \dot{Z})_{BA}}}{\dot{Z}_{Ges}} = \frac{299\, e^{j\, 17{,}46^0}}{10{,}01\, e^{j\, 49{,}68^0}} = \underline{29{,}8\, e^{-j\, 32{,}22^0}}$$

Da die Spannung der beiden Speisepunkte nicht geändert wurde, ist die Stromverteilung auf der Leitung die gleiche wie im Beispiel 13; demnach:

$$\dot{I}_3'' = 17{,}58\, e^{-j\, 35{,}79^0} \qquad \dot{I}_B = 28{,}88\, e^{-j\, 34{,}21^0}$$

3. Berechnung des Spannungsverlustes

Nach Gl. (103) ist:

$$\Delta \dot{U}_{St} = \dot{I}_B \cdot \dot{Z}_5 + \dot{I}_3'' \cdot \dot{Z}_4 = 28{,}88\, e^{-j\, 34{,}21^0} \cdot 1{,}043\, e^{j\, 49{,}68^0}$$
$$+ 17{,}58\, e^{-j\, 35{,}79^0} \cdot 3{,}128\, e^{j\, 49{,}68^0}$$
$$= 30{,}0\, e^{j\, 15{,}47^0} + 55{,}0\, e^{j\, 13{,}89^0}$$
$$= 30 \cdot (0{,}9639 + j\, 0{,}2667) = 29{,}01 + j\, 8{,}0$$
$$+ 50 \cdot (0{,}9707 + j\, 0{,}24) \quad = \underline{53{,}39 + j\, 13{,}2}$$
$$= 82{,}40 + j\, 21{,}2$$
$$\Delta \dot{U}_{St} = \underline{\underline{85{,}9\, e^{j\, 14{,}47^0}}}$$

Ermittlung der Beträge

$$U_{St} = \sqrt{82{,}32^2 + 21{,}2^2}$$
$$= \sqrt{7226{,}03} = 85$$
$$\operatorname{tg} \varphi = \frac{21{,}2}{82{,}32}$$
$$= 0{,}258$$
$$\varphi = 14{,}47^0$$

$$\underline{\underline{\Delta U_{St} = 85{,}9 \text{ V}}} \qquad \underline{\underline{\Delta U = 1{,}73 \cdot 85{,}9 \text{ V} = 149 \text{ V}}}$$

$$p_U = \frac{\Delta U \cdot 100}{U_B} = \frac{149 \text{ V} \cdot 100}{3000 \text{ V}} = \underline{\underline{4{,}9\%}}$$

Bei Ausführung der Leitung mit einem Querschnitt von 70 mm² Cu liegt der Spannungsverlust innerhalb des zulässigen von 5%.

Aufgabe 6

Gegeben: Abmessungen der Abb. 60, $q = 70/12$ mm² Stalu, $q_E = 50$ mm² Fe.

Gesucht: Betriebskapazitäten C_B, Erdkapazitäten C_E, Gegenkapazitäten C_{12} bei a) 3 Staluseilen und 1 Stahlseil

b) 4 Staluseilen

Lösung:

a) Mit Erdseil

1. Ermittlung der Leiterabstände und Höhen

Aus der Abb. 60 ergeben sich folgende Abstände:

$d_{12} = 175$ cm $\quad d_{23} = 130 + 130 = 260$ cm $\quad d_{31} = 175 + 260 = 435$ cm

Aus diesen drei Werten ist der Mittelwert nach Gl. (90):

$$d_m = \sqrt[3]{d_{12} \cdot d_{23} \cdot d_{31}} = 10^2 \cdot \sqrt[3]{1{,}75 \cdot 2{,}6 \cdot 4{,}35} = 10^2 \cdot \sqrt[3]{19{,}79}$$
$$= \underline{\underline{271 \text{ cm}}}$$

Für das Erdseil sind die Abstände:

$$d_{s1} = 175 + 130 + 130 + 175 = \underline{610 \text{ cm}}$$
$$d_{s2} = 130 + 130 + 175 = \underline{435 \text{ cm}}$$
$$d_{s3} = \underline{175 \text{ cm}}$$

Nach Gl. (168): hieraus der Mittelwert:

$$d'_s = \sqrt[3]{d_{s1} \cdot d_{s2} \cdot d_{s3}} = 10^2 \cdot \sqrt[3]{6{,}1 \cdot 4{,}35 \cdot 1{,}75} = 10^2 \cdot \sqrt[3]{46{,}5}$$
$$= \underline{\underline{360 \text{ cm}}}$$

Die Höhen sind für alle Seile gleich:

$$\underline{\underline{h_m = h_s = 1100 \text{ cm}}}$$

2. Ermittlung der Potentialkoeffizienten

Nach Spalte 4 der Tafel 6, Teil 1, Seite 17 hat ein Stahl-Aluminiumseil 70/12 einen Durchmesser von 11,6 cm

$$\underline{r = 0{,}58 \text{ cm}}$$

Nach Gl. (137) ist:

$$a_{11} = 2 \cdot 9 \cdot 10^6 \cdot \ln\left(\frac{2 \cdot h_m}{r}\right) = 18 \cdot 10^6 \cdot \ln\left(\frac{2 \cdot 1100}{0{,}58}\right) = 18 \cdot 10^6 \cdot \ln 3793$$

$$= 18 \cdot 10^6 \cdot 8{,}24092 = \underline{148{,}3 \cdot 10^6}$$

$$a_{12} = 9 \cdot 10^6 \cdot \ln\left[\left(\frac{2 \cdot h_m}{d_m}\right)^2 + 1\right] = 9 \cdot 10^6 \cdot \ln\left[\left(\frac{2 \cdot 1100}{271}\right)^2 + 1\right]$$

$$= 9 \cdot 10^6 \cdot \ln 67 = 9 \cdot 10^6 \cdot 4{,}20469 = \underline{37{,}8 \cdot 10^6}$$

Das Erdseil hat nach Spalte 3 der Tafel 5, Teil 1, Seite 16 bei einem Querschnitt von 50 mm² einen Durchmesser von 9 mm,

$$\underline{r = 0{,}45 \text{ cm}}$$

Für das Erdseil ist nach Gl. (162):

$$a_{1s} = 9 \cdot 10^6 \cdot \ln\left[\left(\frac{4 \cdot h_m \cdot h_s}{d_s'^2}\right) + 1\right] = 9 \cdot 10^6 \cdot \ln\left[\left(\frac{4 \cdot 1100 \cdot 1100}{360^2}\right) + 1\right]$$

$$= 9 \cdot 10^6 \cdot \ln 38{,}3 = 9 \cdot 10^6 \cdot 3{,}64544 = \underline{32{,}8 \cdot 10^6}$$

Nach Gl. (164):

$$a_{ss} = 2 \cdot 9 \cdot 10^6 \cdot \ln\left(\frac{2 \cdot h_s}{r_s}\right) = 18 \cdot 10^6 \cdot \ln\left(\frac{2 \cdot 1100}{0{,}45}\right) = 18 \cdot 10^6 \cdot \ln 4890$$

$$= 18 \cdot 10^6 \cdot 8{,}49495 = \underline{153 \cdot 10^6}$$

Aus diesen beiden Werten erhält man nach Gl. (161) den Potentialkoeffizienten des Erdseils:

$$a_s = z \cdot \frac{a_{1s}^2}{a_{ss} + (z-1) \cdot a_{ps}} = 1 \frac{32{,}8^2 \cdot 10^{12}}{153 \cdot 10^6 + 0} = \underline{7 \cdot 10^6}$$

Aus Tafel 3 ergeben sich die Potentialkoeffizienten zur Ermittlung der Kapazitäten:

Nach Gl. (157) und (158):

$$A_{11} = a_{11} - a_s = 148{,}3 \cdot 10^6 - 7 \cdot 10^6 = 141{,}3 \cdot 10^6$$

$$A_{12} = a_{12} - a_s = 37{,}8 \cdot 10^6 - 7 \cdot 10^6 = 30{,}8 \cdot 10^6$$

Mit diesen Werten wird

die Betriebskapazität nach Gl. (154):

$$C_B = \frac{1}{A_{11} - A_{12}} = \frac{1}{(141{,}3 - 30{,}8) \cdot 10^6} = \frac{10^{-6}}{110{,}5} = \underline{\underline{0{,}009\,05 \cdot 10^{-6}\,\frac{\mathrm{F}}{\mathrm{km}}}}$$

die Erdkapazität nach Gl. (152):

$$C_E = \frac{1}{A_{11} + 2 \cdot A_{12}} = \frac{1}{(141{,}3 + 2 \cdot 30{,}8) \cdot 10^6} = \frac{10^{-6}}{202{,}9} = \underline{\underline{0{,}004\,931 \cdot 10^{-6}\,\frac{\mathrm{F}}{\mathrm{km}}}}$$

die Gegenkapazität nach Gl. (153):

$$C_{12} = \frac{A_{12}}{A_{11} - A_{12}} \cdot C_E = \frac{30{,}8}{141{,}3 - 30{,}8} \cdot 0{,}004\,931 \cdot 10^{-6} = \underline{\underline{0{,}001\,373 \cdot 10^{-6}\,\frac{\mathrm{F}}{\mathrm{km}}}}$$

Zur Probe soll die Betriebskapazität nach Gl. (145) berechnet werden.

$$C_B = C_E + 3 \cdot C_{12} = 0{,}004\,931 \cdot 10^{-6} + 3 \cdot 0{,}001\,373 \cdot 10^{-6} = \underline{0{,}009\,05 \cdot 10^{-6}\,\frac{\mathrm{F}}{\mathrm{km}}}$$

b) Ohne Erdseil mit Reserveseil

Die Betriebskapazität ist nach Gl. (140):

$$C_B = \frac{1}{a_{11} - a_{12}} = \frac{1}{(148{,}3 - 37{,}8) \cdot 10^{-6}} = \frac{10^{-6}}{110{,}5} = \underline{\underline{0{,}009\,05 \cdot 10^{-6}\,\frac{\mathrm{F}}{\mathrm{km}}}}$$

Die Erdkapazität ist nach Gl. (141):

$$C_E = \frac{1}{a_{11} + 2 \cdot a_{12}} = \frac{1}{(148{,}3 + 2 \cdot 37{,}8) \cdot 10^6} = \frac{10^{-6}}{223{,}9} = \underline{\underline{0{,}004\,46 \cdot 10^{-6}\,\frac{\mathrm{F}}{\mathrm{km}}}}$$

Die Gegenkapazität ist nach Gl. (142):

$$C_{12} = \frac{a_{12}}{a_{11} - a_{12}} \cdot C_E = \frac{37{,}8}{148{,}3 - 37{,}8} \cdot 0{,}004\,46 \cdot 10^{-6} = \underline{\underline{0{,}001\,53 \cdot 10^{-6}\,\frac{\mathrm{F}}{\mathrm{km}}}}$$

Ein Vergleich der Ergebnisse beider Anordnungen ergibt, daß durch das Erdseil die Betriebskapazität nicht geändert wird, die Erdkapazität aber um etwa 10% zu —, die Gegenkapazität um 10% abnimmt.

Aufgabe 7

Gegeben: Abmessungen des Mastkopfbildes nach Abb. 59, $q = 120$ mm² Al, Erdseil $q = 50$ mm² Fe, Länge der Isolatorenkette 1500 mm

Gesucht: Betriebskapazität C_B, Erdkapazität C_E, Gegenkapazität C_{12}

Lösung:

1. Ermittlung der Leiterabstände und Höhen

In der Lösung zur Übungsaufgabe 4 wurden folgende Abstände der Leiterseile berechnet:

$d_m = \underline{451 \text{ cm}}$ $\quad d' = \underline{802 \text{ cm}}$ $\quad d'' = \underline{638 \text{ cm}}$

Die Höhen der Leiter über der Erdoberfläche bei einer Länge der Isolatorenkette von 150 cm sind:

$$h_1 = 2725 - (225 + 350 + 350 + 150) = \underline{1650 \text{ cm}}$$

$$h_2 = 1650 + 350 = \underline{2000 \text{ cm}} \qquad h_3 = 2000 + 350 = \underline{2350 \text{ cm}}$$

Der Mittelwert hieraus ist nach Gl. (135):

$$h_m = \sqrt[3]{h_1 \cdot h_2 \cdot h_3} = 10^3 \cdot \sqrt[3]{1{,}65 \cdot 2{,}0 \cdot 2{,}35} = 10^3 \cdot \sqrt[3]{7{,}76} = \underline{\underline{1980 \text{ cm}}}$$

Für das Erdseil ergeben sich folgende Abstände:

$$d_{s1} = \sqrt{400^2 + (925 + 150)^2} = 10^2 \cdot \sqrt{131{,}56} = \underline{1147 \text{ cm}}$$

$$d_{s2} = \sqrt{325^2 + (575 + 150)^2} = 10^2 \cdot \sqrt{63{,}13} = \underline{795 \text{ cm}}$$

$$d_{s3} = \sqrt{250^2 + (225 + 150)^2} = 10^2 \cdot \sqrt{20{,}31} = \underline{451 \text{ cm}}$$

Hieraus der Mittelwert nach Gl. (168):

$$d'_s = \sqrt[3]{d_{s1} \cdot d_{s2} \cdot d_{s3}} = 10^2 \cdot \sqrt[3]{11{,}47 \cdot 7{,}95 \cdot 4{,}51} = 10^2 \cdot \sqrt[3]{411} = \underline{\underline{744 \text{ cm}}}$$

Die Höhe des Erdseils über der Erdoberfläche ist

$$h_s = 2500 + 225 = \underline{\underline{2725 \text{ cm}}}$$

Nach Tafel 5, Spalte 3, Teil 1, Seite 16 hat ein Stahlseil mit einem Querschnitt von 50 mm² einen Durchmesser von 9 mm, also

$$r_s = \underline{\underline{0{,}45 \text{ cm}}}$$

2. Berechnung der Potentialkoeffizienten

In der Lösung der Aufgabe 4 war der Radius der Leiterseile mit $r = 0{,}7$ cm ermittelt worden.

Nach Gl. (137) und (146) sind die Potentialkoeffizienten:

$$a_{11} = 2 \cdot 9 \cdot 10^6 \cdot \ln\left(\frac{2 \cdot h_m}{r}\right) = 18 \cdot 10^6 \cdot \ln\left(\frac{2 \cdot 1980}{0{,}7}\right) = 18 \cdot 10^6 \cdot \ln 5650$$

$$= 18 \cdot 10^6 \cdot 8{,}639 = \underline{155{,}5 \cdot 10^6}$$

$$a_{12} = 9 \cdot 10^6 \cdot \ln\left[\left(\frac{2 \cdot h_m}{d_m}\right)^2 + 1\right] = 9 \cdot 10^6 \cdot \ln\left[\left(\frac{2 \cdot 1980}{451}\right)^2 + 1\right]$$

$$= 9 \cdot 10^6 \cdot \ln 78{,}1 = 9 \cdot 10^6 \cdot 4{,}358 = \underline{39{,}2 \cdot 10^6}$$

$$a_{11'} = 9 \cdot 10^6 \cdot \ln\left[\left(\frac{2 \cdot h_m}{d''}\right)^2 + 1\right] = 9 \cdot 10^6 \cdot \ln\left[\left(\frac{2 \cdot 1980}{638}\right)^2 + 1\right]$$

$$= 9 \cdot 10^6 \cdot \ln 39{,}6 = 9 \cdot 10^6 \cdot 3{,}679 = \underline{31{,}6 \cdot 10^6}$$

$$a_{12'} = 9 \cdot 10^6 \cdot \ln\left[\left(\frac{2 \cdot h_m}{d'}\right)^2 + 1\right] = 9 \cdot 10^6 \cdot \ln\left[\left(\frac{2 \cdot 1980}{802}\right)^2 + 1\right]$$

$$= 9 \cdot 10^6 \cdot \ln 25{,}4 = 9 \cdot 10^6 \cdot 3{,}235 = \underline{29{,}1 \cdot 10^6}$$

Für das Erdseil ist nach Gl. (162):

$$a_{1s} = 9 \cdot 10^6 \cdot \ln\left[\frac{4 \cdot h_m \cdot h_s}{d_s'^2} + 1\right] = 9 \cdot 10^6 \cdot \ln\left[\frac{4 \cdot 1980 \cdot 2725}{743^2} + 1\right]$$

$$= 9 \cdot 10^6 \cdot \ln 40{,}2 = 9 \cdot 10^6 \cdot 3{,}694 = \underline{33{,}2 \cdot 10^6}$$

nach Gl. (164):

$$a_{ss} = 2 \cdot 9 \cdot 10^6 \cdot \ln\left(\frac{2 \cdot h_s}{r_s}\right) = 18 \cdot 10^6 \cdot \ln\left(\frac{2 \cdot 2725}{0{,}45}\right) = 18 \cdot 10^6 \cdot \ln 12\,100$$

$$= 18 \cdot 10^6 \cdot 9{,}401 = \underline{169 \cdot 10^6}$$

Aus diesen beiden Koeffizienten ergibt sich der Potentialkoeffizient des Erdseils nach Gl. (161):

$$a_s = z \frac{a_{1s}^2}{a_{ss} + (z-1) \cdot a_{ps}} = 1 \cdot \frac{33{,}2^2 \cdot 10^{12}}{169 \cdot 10^6 + 0} = \frac{1102 \cdot 10^6}{169} = \underline{\underline{6{,}5 \cdot 10^6}}$$

Nach Gl. (159) und (160) sind die zur Berechnung der Kapazitäten erforderlichen Potentialkoeffizienten:

$$A_{11} = a_{11} + a_{11'} - 2 \cdot a_s = 155{,}5 \cdot 10^6 + 31{,}6 \cdot 10^6 - 2 \cdot 6{,}5 \cdot 10^6 = \underline{\underline{174{,}1 \cdot 10^6}}$$

$$A_{12} = a_{12} + a_{12'} - 2 \cdot a_s = 39{,}2 \cdot 10^6 + 29{,}1 \cdot 10^6 - 2 \cdot 6{,}5 \cdot 10^6 = \underline{\underline{55{,}3 \cdot 10^6}}$$

3. Berechnung der Kapazitäten

Die Betriebskapazität ist nach Gl. (154):

$$C_B = \frac{1}{A_{11} - A_{12}} = \frac{1}{174{,}1 \cdot 10^6 - 55{,}3 \cdot 10^6} = \frac{10^{-6}}{118{,}8} = \underline{\underline{0{,}008\,42 \cdot 10^{-6}\ \frac{\text{F}}{\text{km}}}}$$

Die Erdkapazität ist nach Gl. (152):

$$C_E = \frac{1}{A_{11} + 2 \cdot A_{12}} = \frac{1}{174{,}1 \cdot 10^6 + 2 \cdot 55{,}3 \cdot 10^6} = \frac{10^{-6}}{284{,}7} = \underline{\underline{0{,}003\,51 \cdot 10^{-6}\ \frac{\text{F}}{\text{km}}}}$$

Die Gegenkapazität ist nach Gl. (153):

$$C_{12} = \frac{A_{12}}{A_{11} - A_{12}} \cdot C_E = \frac{55{,}3 \cdot 10^6}{(174{,}1 - 55{,}3) \cdot 10^6} \cdot 0{,}003\,51 \cdot 10^{-6}$$

$$= \frac{55{,}3}{118{,}8} \cdot 0{,}003\,51 \cdot 10^{-6} = \underline{\underline{0{,}001\,4 \cdot 10^{-6}\ \frac{\mathrm{F}}{\mathrm{km}}}}$$

Aufgabe 8

Gegeben: $N_E = 10000$ kW, $U_E = 60$ kV, $f = 50$ Hz, $\cos\varphi_E = 0{,}73$, $l = 50$ km, $p_N = 4{,}5\%$, $q_s = 95\ \mathrm{mm}^2$, Mastbild Abb. 61

Gesucht: Querschnitt q aus St-Al, Spannung U_A, Leistungsfaktor φ_A und Leistung N_A am Anfang der Leitung, Spannungsverlust ΔU, prozentuale Verluste

Lösung:

1. Querschnittsberechnung

$$q = \frac{100 \cdot N_E \cdot l}{\varkappa \cdot U_E^2 \cdot \cos^2\varphi_E \cdot p_N} = \frac{100 \cdot 10\,000 \cdot 10^3\ \mathrm{W} \cdot 50 \cdot 10^3\ \mathrm{m}}{35\ \frac{\mathrm{m}}{\Omega\ \mathrm{mm}^2} \cdot 60^2 \cdot 10^6 \cdot \mathrm{V}^2 \cdot 0{,}73^2 \cdot 4{,}5} = \underline{165\ \mathrm{mm}^2}$$

Nach Tafel 6 gewählt: $\underline{\underline{q = 185/32\ \mathrm{mm}^2}}$

mit einem Durchmesser (Spalte 4) von 19,2 mm also

$$\underline{r = 0{,}96\ \mathrm{cm}}$$

2. Ermittlung des Verbraucherstromes

Der Verbraucherstrom ist nach Gl. (49):

$$I_V = I_E = \frac{N_E}{\sqrt{3} \cdot U_E \cdot \cos\varphi_E} = \frac{10\,000 \cdot 10^3\ \mathrm{W}}{1{,}73 \cdot 60 \cdot 10^3\ \mathrm{V} \cdot 0{,}73} = \underline{\underline{132\ \mathrm{A}}}$$

In komplexer Form:

$$\mathfrak{I}_E = 132 \cdot (0{,}73 - j\,0{,}6835) = \underline{96{,}5 - j\,90{,}3}$$

3. Berechnung der Betriebskapazität und des Ladestroms am Ende der Leitung

a) Ermittlung der Leiterabstände

$$d_{12} = \sqrt{560^2 + 170^2} = 10^2 \cdot \sqrt{34{,}25} = \underline{585\ \mathrm{cm}}$$

$$d_{23} = \sqrt{350^2 + 90^2} = 10^2 \cdot \sqrt{13{,}06} = \underline{361\ \mathrm{cm}}$$

$$d_{31} = \sqrt{650^2 + 180^2} = 10^2 \cdot \sqrt{45{,}49} = \underline{674\ \mathrm{cm}}$$

Hieraus nach Gl. (90) der Mittelwert:

$$d_m = 10^2\sqrt[3]{5{,}85 \cdot 3{,}61 \cdot 6{,}74} = 10^2 \cdot \sqrt[3]{142{,}4} = \underline{\underline{522 \text{ cm}}}$$

Für das Erdseil:

$$d_{s1} = \sqrt{245^2 + 280^2} = 10^2 \cdot \sqrt{13{,}84} = \underline{372 \text{ cm}}$$

$$d_{s2} = \sqrt{280^2 + \ 75^2} = 10^2 \cdot \sqrt{\ 8{,}4} \ = \underline{290 \text{ cm}}$$

$$d_{s3} = \sqrt{370^2 + 425^2} = 10^2 \cdot \sqrt{31{,}75} = \underline{563 \text{ cm}}$$

Hieraus nach Gl. (168) der Mittelwert:

$$d_s' = 10^2 \cdot \sqrt[3]{3{,}72 \cdot 2{,}9 \cdot 5{,}63} = 10^2 \cdot \sqrt[3]{60{,}9} = \underline{\underline{393 \text{ cm}}}$$

b) Ermittlung der Leiterhöhen über dem Erdboden

$$h_1 = 2265 - (75 + 170 + 70) = \underline{1950 \text{ cm}}$$

$$h_2 = 1950 + 170 = \underline{2120 \text{ cm}}$$

$$h_3 = 1950 - 180 = \underline{1770 \text{ cm}}$$

Hieraus nach Gl. (135) der Mittelwert:

$$h_m = 10^3 \cdot \sqrt[3]{1{,}95 \cdot 2{,}12 \cdot 1{,}77} = 10^3 \cdot \sqrt[3]{7{,}33} = \underline{\underline{1943 \text{ cm}}}$$

Für das Erdseil:

$$h_s = \underline{\underline{2265 \text{ cm}}}$$

Nach Tafel 5, Spalte 3, Teil 1, Seite 16 hat ein Stahlseil mit einem schnitt von 95 mm² einen Durchmesser von 12,5 mm, also ist der Radius des Erdseils

$$r_s = \underline{0{,}625 \text{ cm}}$$

c) Berechnung der Potentialkoeffizienten

Nach Gl. (137) sind die Potentialkoeffizienten

$$a_{11} = 2 \cdot 9 \cdot 10^6 \cdot \ln\left(\frac{2 \cdot h_m}{r}\right) = 18 \cdot 10^6 \cdot \ln\left(\frac{2 \cdot 1943}{0{,}96}\right) = 18 \cdot 10^6 \cdot \ln 4050$$

$$= 18 \cdot 10^6 \cdot 8{,}306 = \underline{149{,}5 \cdot 10^6}$$

$$a_{12} = 9 \cdot 10^6 \cdot \ln\left[\left(\frac{2 \cdot h_m}{d_m}\right)^2 + 1\right] = 9 \cdot 10^6 \cdot \ln\left[\left(\frac{2 \cdot 1943}{522}\right)^2 + 1\right] = 9 \cdot 10^6 \cdot \ln 56{,}5$$

$$= 9 \cdot 10^6 \cdot 4{,}034 = \underline{36{,}3 \cdot 10^6}$$

Für das Erdseil ist nach Gl. (162):

$$a_{1s} = 9 \cdot 10^6 \cdot \ln\left[\left(\frac{4 \cdot h_m \cdot h_s}{d_s'^2}\right) + 1\right] = 9 \cdot 10^6 \cdot \ln\left[\left(\frac{4 \cdot 1943 \cdot 2125}{393^2} + 1\right)\right]$$

$$= 9 \cdot 10^6 \cdot \ln 108 = 9 \cdot 10^6 \cdot 4{,}682 = \underline{42{,}1 \cdot 10^6}$$

nach Gl. (164):

$$a_{ss} = 2 \cdot 9 \cdot 10^6 \cdot \ln\left(\frac{2 \cdot h_s}{r_s}\right) = 18 \cdot 10^6 \cdot \ln\left(\frac{2 \cdot 2265}{0{,}625}\right) = 18 \cdot 10^6 \cdot \ln 6800$$

$$= 18 \cdot 10^6 \cdot 8{,}889 = \underline{160 \cdot 10^6}$$

Hieraus der Potentialkoeffizient des Erdseils nach Gl. (161)

$$a_s = z \frac{a_{1s}^2}{a_{ss} + (z-1) \cdot a_{ps}} = 1 \cdot \frac{42{,}1^2 \cdot 10^{12}}{160 \cdot 10^6 + 0} = \frac{1772 \cdot 10^6}{160} = \underline{\underline{11{,}1 \cdot 10^6}}$$

Die zur Berechnung der Betriebskapazität erforderlichen Potentialkoeffizienten ergeben sich aus Gl. (157) und (158):

$$A_{11} = (a_{11} - a_s) = (149{,}5 - 11{,}1) \cdot 10^6 = \underline{\underline{138{,}4 \cdot 10^6}}$$

$$A_{12} = (a_{12} - a_s) = (\ 36{,}3 - 11{,}1) \cdot 10^6 = \underline{\underline{25{,}2 \cdot 10^6}}$$

d) Ermittlung der Betriebskapazität:

Nach Gl. (154) ist:

$$C_B = \frac{1}{A_{11} - A_{12}} = \frac{1}{(138{,}4 - 25{,}2) \cdot 10^6} = \frac{10^{-6}}{113{,}2} = 0{,}008\,84 \cdot 10^{-6} \frac{\text{F}}{\text{km}}$$

Für $l = 50$ km

$$C'_B = 0{,}008\,84 \cdot 10^{-6} \frac{\text{F}}{\text{km}} \cdot 50 \text{ km} = \underline{\underline{0{,}442 \cdot 10^{-6} \text{ F}}}$$

e) Berechnung des Ladestroms am Ende der Leitung

Nach Gl. (178) ist:

$$I'_C = \frac{U_B}{\sqrt{3}} \cdot \omega \cdot \frac{C_B}{2} = \frac{60}{1{,}73} \cdot 10^3 \text{ V} \cdot 314 \text{ s}^{-1} \cdot \frac{0{,}442}{2} \cdot 10^{-6} \cdot \frac{\text{As}}{\text{V}} = \underline{\underline{2{,}4 \text{ A}}}$$

$$\mathfrak{I}'_C = \underline{2{,}4\, e^{j\, 90°}} = \underline{j\, 2{,}4}$$

4. **Ermittlung des Leitungsstromes**

Nach Gl. (179) ist:

$$\mathfrak{I}_L = \mathfrak{I}_B + \mathfrak{I}'_C = 96{,}5 - j\, 90{,}3$$

$$+\ 0\ \ + j\ \ 2{,}4$$

$$\mathfrak{I}_L = 96{,}5 - j\, 87{,}9 = \underline{130{,}5\, e^{-j\, 42{,}33°}}$$

5. **Berechnung der Betriebsinduktivität**

Nach Gl. (91) ist:

$$L_B = \left[0{,}5 + 2 \cdot \ln\left(\frac{d_m}{r}\right)\right] \cdot 10^{-4} = \left[0{,}5 + 2 \cdot \ln\left(\frac{522}{0{,}96}\right)\right] \cdot 10^{-4}$$

$$= [0{,}5 + 2 \cdot \ln 544] \cdot 10^{-4} = [0{,}5 + 2 \cdot 6{,}29895]\, 10^{-4} = 13{,}098 \cdot 10^{-4}$$

$$\underline{\underline{L_B = 1{,}31 \cdot 10^{-3} \frac{\text{H}}{\text{km}}}}$$

6. Berechnung des Scheinwiderstandes der Leitung

Nach Tafel 6, Spalte 5, Abs. 2, Teil 1, Seite 17 ist der Wirkwiderstand von Staluseil 185/32:

$$\underline{R_L = 0{,}16\,\frac{\Omega}{\text{km}}}\,.$$

Der Blindwiderstand ergibt sich zu:

$$X_L = \omega \cdot L_B = 314\ \text{s}^{-1} \cdot 1{,}31 \cdot 10^{-3}\,\frac{\Omega\,\text{s}}{\text{km}} = \underline{0{,}412}\,\frac{\Omega}{\text{km}}$$

Aus Wirk- und Blindwiderstand wird der Scheinwiderstand bestimmt:

$$Z_L = \sqrt{R_L^2 + X_L^2} = \sqrt{0{,}16^2 + 0{,}412^2} = \sqrt{0{,}195\,3} = \underline{\underline{0{,}442}}\,\frac{\Omega}{\text{km}}$$

$$\dot{Z}_L = \underline{0{,}442\ e^{j\,68{,}74^\circ}}$$

Für $l = 50$ km:

$$\dot{Z}_L = 0{,}442\ e^{j\,68{,}74^\circ} \cdot 50 = \underline{\underline{22{,}1\ e^{j\,68{,}74^\circ}}}$$

7. Berechnung des Spannungsverlustes und der Spannung am Anfang der Leitung

Nach Gl. (180) ist:

$$\Delta\dot{U}_{St} = \dot{I}_L \cdot \dot{Z}_L = 130{,}5\ e^{-j\,42{,}33^\circ} \cdot 22{,}1\ e^{j\,68{,}74^\circ} = 2884\ e^{j\,26{,}41^\circ}$$

$$\Delta U_{St} = \underline{2{,}884\ \text{kV}}$$

$$\Delta\dot{U}_{St} = 2{,}884 \cdot (0{,}8956 + j\,0{,}4448) = 2{,}583 + j\,1{,}28$$

Nach Gl. (181) ist die Strangspannung am Anfang der Leitung:

$$\begin{aligned}\dot{U}_{St_A} = \dot{U}_{St_B} + \Delta\dot{U}_{St} &= 34{,}6 \quad + j\,0\\ &+ \ 2{,}583 + j\,1{,}28\\ \hline \dot{U}_{St_A} &= 37{,}183 + j\,1{,}28 = \underline{37{,}2\ e^{j\,1{,}98^\circ}}\end{aligned}$$

$$\underline{\underline{U_{St_A} = 37{,}2\ \text{kV}}} \qquad \underline{\underline{U_A}} = 1{,}73 \cdot 37{,}2 = \underline{\underline{64{,}36\ \text{kV}}}$$

8. Ermittlung des Stromes am Anfang der Leitung

Nach Gl. (182) ist der Ladestrom am Anfang der Leitung:

$$I_C'' = U_{St_A} \cdot \omega \cdot \frac{C_B}{2} = 37{,}2 \cdot 10^3\ \text{V} \cdot 314\ \text{s}^{-1} \cdot \frac{0{,}442}{2} \cdot 10^{-6}\,\frac{\text{As}}{\text{V}} = \underline{\underline{2{,}58\ \text{A}}}$$

$$\dot{I}_C'' = \underline{2{,}58\ e^{j\,90^\circ}} = \underline{j\,2{,}58}$$

Der Strom am Anfang der Leitung ist nach Gl. (183):

$$\dot{I}_A = \dot{I}_L + \dot{I}_C'' = 96{,}5 - j\,87{,}90$$
$$+\ \ 0\ \ + j\ \ 2{,}58$$
$$\dot{I}_A = 96{,}5 - j\,85{,}32 = \underline{128{,}8\ e^{-j\,41{,}48^0}}$$
$$\underline{\underline{I_A = 129\ \text{A}}}$$

Um zu zeigen, welchen äußerst geringen Fehler man macht, wenn man bei der Berechnung von I_C'' den Winkel ϑ vernachlässigt, und gleichzeitig das komplexe Rechnen mit Winkel $> 90^0$ an einem Beispiel zu erläutern, soll nochmals, jetzt nach Gl. (182a), der Ladestrom am Anfang der Leitung berechnet werden.

$$\dot{I}_C'' = I_C''\ e^{j\,(90^0+\vartheta)} = 2{,}58\ e^{j\,(90^0+1{,}98)} = 2{,}58\ e^{j\,91{,}98^0}$$
$$= 2{,}58 \cdot (\cos 91{,}98^0 + j \sin 91{,}98^0) = 2{,}58\ (-\sin 1{,}98 + \cos 1{,}98^0)$$
$$= 2{,}58\ (-0{,}0349 + j\,0{,}994) = \underline{-0{,}0893 + j\,2{,}578}$$

Der Strom am Anfang der Leitung wird hiermit:

$$\dot{I}_A = \dot{I}_L + \dot{I}_C'' = 96{,}5 - j\,87{,}900$$
$$+(-0{,}09) + j\ \ 2{,}578$$
$$\dot{I}_A = 96{,}41 - j\,85{,}322 = \underline{128{,}74\ e^{-j\,41{,}51^0}}$$

Die Abweichung beträgt also 0,06 A und 0,03⁰. Diese ist so gering, daß im allgemeinen mit der einfacheren Gleichung (182b) gerechnet werden kann.

9. Berechnung der Leistung am Anfang der Leitung

Am Anfang der Leitung eilt der Strom der Spannung um den Winkel

$$\varphi_A = \varphi' + \vartheta = 41{,}48^0 + 1{,}98^0 = 43{,}46^0 \text{ nach,}$$

der Leistungsfaktor am Anfang der Leitung:

$$\cos \varphi_A = 0{,}7259 \approx 0{,}726 \text{ ind.}$$

Damit wird die Leistung am Anfang der Leitung:

$$N_A = \sqrt{3} \cdot U_A \cdot I_A \cdot \cos \varphi_A = 1{,}73 \cdot 64{,}36\ \text{kV} \cdot 129\ \text{A} \cdot 0{,}726 = \underline{\underline{10\,410\ \text{kW}}}$$

10. Ermittlung der prozentualen Verluste:

prozentualer Spannungsverlust: $p_U = \dfrac{64{,}36\ \text{kV} - 60\ \text{kV}}{60\ \text{kV}} \cdot 100 = \underline{\underline{7{,}26\ \%}}$

prozentualer Leistungsverlust: $p_N = \dfrac{10\,410\ \text{kW} - 10\,000\ \text{kW}}{10\,000\ \text{kW}} \cdot 100 = \underline{\underline{1{,}1\%}}$

Der Spannungsverlust ist etwas zu hoch. Es müßte der Querschnitt erhöht werden.

Da die Ladeströme gegenüber dem Betriebsstrom sehr klein sind, ist auf die maßstäbliche Wiedergabe des Zeigerdiagramms verzichtet worden.

Aufgabe 9

Gegeben: $N_E = 2400$ kW, $U_E = 45$ kV, $f = 50$ Hz, $\cos\varphi_E = 0{,}7$, $l = 39$ km, $p_N = 5{,}5\%$, Dreimantelkabel

Gesucht: Querschnitt q aus Al, Spannung U_A, Leistungsfaktor $\cos\varphi_A$ und Leistung am Anfang der Leitung N_A, prozentuale Verluste

Lösung:

1. Querschnittsberechnung

$$q = \frac{100 \cdot N_E \cdot l}{\varkappa \cdot U_E^2 \cdot \cos^2\varphi_E \cdot p_N} = \frac{100 \cdot 2400 \cdot 10^3\,\text{W} \cdot 39 \cdot 10^3\,\text{km}}{35\,\frac{\text{m}}{\Omega\,\text{mm}^2} \cdot 45^2 \cdot 10^6 \cdot \text{V}^2 \cdot 0{,}7^2 \cdot 5{,}5} = \underline{48{,}8\ \text{mm}^2}$$

$$\text{Gewählt: } q = \underline{\underline{50\ \text{mm}^2\ \text{Al}}}$$

. Ermittlung des Verbraucherstroms

$$I_V = I_E = \frac{N_E}{\sqrt{3} \cdot U_E \cdot \cos\varphi_E} = \frac{2400 \cdot 10^3\,\text{W}}{1{,}73 \cdot 45 \cdot 10^3\,\text{V} \cdot 07} = \underline{\underline{44\ \text{A}}}$$

In komplexer Form:

$$\dot{I}_V = 44 \cdot (0{,}7 - j\,0{,}714) = \underline{30{,}8 - j\,31{,}4} = 44\,e^{-j\,45.57'}$$

3. Bestimmung der Betriebskapazität

Für ein Dreimantelkabel mit einem Querschnitt von 50 mm² und einer Spannung von 45 kV ist nach der entsprechenden Kurve A der Abb. 47 die Betriebskapazität:

$$C'_B = \underline{0{,}175 \cdot 10^{-6}\,\frac{\text{F}}{\text{km}}}$$

Damit ist die gesamte Betriebskapazität der Kabelstrecke:

$$C_B = 0{,}175 \cdot 10^{-6}\,\frac{\text{F}}{\text{km}} \cdot 39\ \text{km} = \underline{\underline{6{,}825 \cdot 10^{-6}\,\text{F}}}$$

4. Bestimmung des Scheinwiderstandes des Kabels

Nach Spalte 5 der Tafel 5, Teil 1, Seite 16 ist der Wirkwiderstand eines Al-Leiters mit 50 mm² Querschnitt

$$R_L = \underline{0{,}59\,\frac{\Omega}{\text{km}}}$$

Aus der Kurvenschar B der Abb. 47 ist der ind. Blindwiderstand des Kabels zu entnehmen:

$$\underline{X_L = 0{,}163 \frac{\Omega}{\text{km}}}$$

Aus Wirk- und Blindwiderstand errechnet sich der Scheinwiderstand:

$$Z'_L = \sqrt{0{,}59^2 + 0{,}163^2} = 0{,}612 \frac{\Omega}{\text{km}}$$

$$\dot{Z}_L = \underline{0{,}612\, e^{j\,15{,}43^\circ}} \qquad \text{Für } l = 39 \text{ km}: \ \dot{Z}_L = \underline{23{,}87\, e^{j\,15{,}43^\circ}}$$

5. Berechnung des Ladestroms am Ende der Leitung und des Leitungsstromes

Nach Gl. (178) ist der Ladestrom:

$$I'_C = U_{St_E} \cdot \omega \cdot \frac{C_B}{2} = \frac{45}{1{,}73} \cdot 10^3\,\text{V} \cdot 314\,\text{s}^{-1} \cdot \frac{6{,}825}{2} \cdot 10^{-6} \cdot \frac{\text{As}}{\text{V}} = \underline{27{,}8\,\text{A}}$$

$$\dot{I}'_C = 27{,}8\, e^{j\,90^\circ} = \underline{j\,27{,}8}$$

Nach Gl. (179) ist der Leitungsstrom:

$$\begin{aligned} \dot{I}_L = \dot{I}_E + \dot{I}'_C &= 30{,}8 - j\,31{,}4 \\ &\quad + 0 \quad + j\,27{,}8 \\ \hline \dot{I}_L &= 30{,}8 - j\ \ 3{,}6 = \underline{31{,}0\, e^{-j\,6{,}67^\circ}} \end{aligned}$$

Berechnung des Spannungsverlustes und der Speisespannung

Nach Gl. (180) ist:

$$\Delta \dot{U}_{St} = \dot{I}_L \cdot \dot{Z}_L = 31{,}0\, e^{-j\,6{,}67^\circ} \cdot 23{,}87\, e^{j\,15{,}43^\circ} = 740\, e^{j\,8{,}76^\circ}$$

$$\Delta U_{St} = \underline{0{,}74\,\text{kV}}$$

$$\Delta \dot{U}_{St} = 740 \cdot (0{,}9884 + j\,0{,}1523) = 731{,}4 + j\,113{,}7$$

Nach Gl. (202) ist:

$$\begin{aligned} \dot{U}_{St_A} = \dot{U}_{St_E} + \Delta \dot{U}_{St} &= 25\,950 + j\ \ 0 \\ &\quad + \ \ 731 + j\,113 \\ \hline &\quad 26\,681 + j\,113 = 26\,681{,}5\, e^{j\,0{,}3^\circ} \end{aligned}$$

$$\underline{\underline{U_{St_A} = 26{,}682\,\text{kV}}} \qquad \underline{\underline{U_A = 1{,}73 \cdot 26{,}682 = 46{,}16\,\text{kV}}}$$

7. Ermittlung des Stromes am Anfang der Leitung

Der Ladestrom am Anfang der Leitung ist nach Gl. (182):

$$I''_C = U_{St_A} \cdot \omega \cdot \frac{C_B}{2} = 26{,}682 \cdot 10^3\,\text{V} \cdot 314\,\text{s}^{-1} \cdot \frac{6{,}825}{2} \cdot 10^{-6} \frac{\text{As}}{\text{V}} = \underline{28{,}6\,\text{A}}$$

$$\dot{I}''_C = 28{,}6\, e^{j\,90^\circ} = \underline{j\,28{,}6}$$

Der Strom am Anfang der Leitung ist nach Gl. (183):

$$\dot{I}_A = \dot{I}_L + \dot{I}_C'' = 30{,}8 - j\ 3{,}6$$
$$\underline{+\ 0\quad + j\,28{,}6}$$
$$\dot{I}_A = 30{,}8 + j\,25{,}0 = \underline{39{,}7\, e^{j\,39{,}08^0}}$$

$$\underline{\underline{I_A = 39{,}7\ \mathrm{A}}}$$

In Abb. 64 ist das maßstäbliche Diagramm der Leitung wiedergegeben. Aus ihm ist die Voreilung des Stromes gegenüber der Spannung um den Winkel φ_A deutlich zu erkennen.

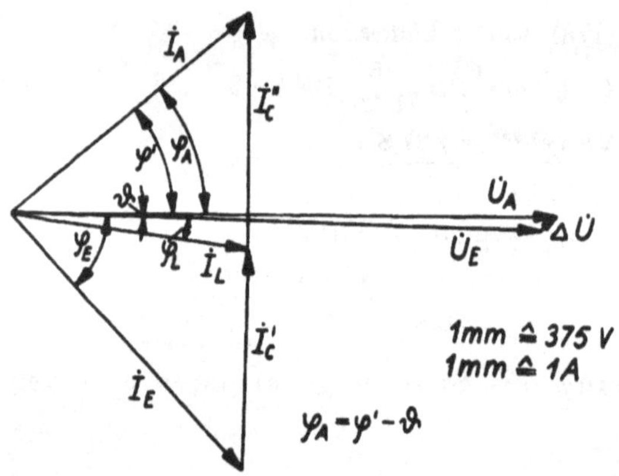

Abb. 64. Maßstäbliches Diagramm der Leitung Übungsaufgabe 9

8. Berechnung der Leistung am Anfang der Leitung

Am Anfang der Leitung eilt der Strom der Spannung um den Winkel

$$\varphi_A = \varphi' - \vartheta = 39{,}08^0 - 0{,}3^0 = 39{,}05^0 \text{ vor.}$$

Der Leistungsfaktor am Anfang der Leitung ist:

$$\cos\varphi_A = \cos 39{,}05^0 = 0{,}7766 \approx \underline{0{,}777 \text{ kap.}}$$

Damit wird die Leistung am Anfang der Leitung:

$$N_A = \sqrt{3}\cdot U_A \cdot I_A \cdot \cos\varphi_A = 1{,}73 \cdot 46{,}16\ \mathrm{kV} \cdot 39{,}7\ \mathrm{A} \cdot 0{,}777 = \underline{\underline{2480\ \mathrm{kW}}}$$

9. Prozentuale Verluste:

prozentualer Spannungsverlust $p_U = \frac{46{,}16\ \mathrm{kV} - 45\ \mathrm{kV}}{45\ \mathrm{kV}} \cdot 100 = \underline{2{,}58\,\%}$

prozentualer Leistungsverlust $p_N = \frac{2480\ \mathrm{kW} - 2400\ \mathrm{kW}}{2400\ \mathrm{kW}} \cdot 100 = \underline{2{,}0\%}$

III. Literatur

1. Buchhold, Th.: Elektrische Kraftwerke und Netze. Verlag Springer, Berlin.
2. Küpfmüller, K.: Einführung in die theoretische Elektrotechnik. Verlag Springer, Berlin.
3. Kyser, H.: Elektrische Kraftübertragung. Verlag Springer, Berlin.
4. AEG: Rechnungsgrößen für Hochspannungsanlagen. Berlin-Grunewald, Hohenzollerndamm.
5. Argus, F.: Untersuchung und Planung von Netzen mit einem Netzmodell. AEG-Mitteilungen 44 (1954), S. 11. — Langrehr, H.: Das neue AEG-Netzmodell, AEG-Mitteilungen 43 (1953), S. 321.
6. Baatz, H. u. Tertl, F.: Das Wechselstrom-Netzmodell der deutschen Elektrizitäts-Versorgungsunternehmen, ETZ 16 (1955), S. 25.
7. Mayr, O.: Beitrag zur Theorie der Wechselspannung-Korona, Jahrbuch der AEG-Forschung, Verlag Springer, Berlin.
8. Biermanns, J.: Technische Probleme der 400-kV-Dreistrom-Übertragung, ETZ 71 (1950), S. 455.
9. Peek, F. W.: Dielectric Phenoma in High Voltage, Enginieering New York.

Herkunft der Abbildungen

Abb. 46, 47 Allgemeine Elektrizitätsgesellschaft, Berlin
Abb. 54 Felten & Guilleaume Carlswerk AG., Köln-Mülheim

Alle übrigen Zeichnungen vom Verfasser

Verwendete Formelzeichen für Teil 1 und 2

A_{11} A_{12}	Potentialkoeffizienten bei Leitungen mit Erdseilen
a	Mindestabstand der Leiterseile voneinander
a_e	Abstand der Leiter von geerdeten Bauteilen
a_{11} a_{12}	Potentialkoeffizienten bei Leitungen ohne Erdseil
B	Feldliniendichte, magnetische Induktion
B_a	—, außerhalb des Leiters
B_i	—, innerhalb des Leiters
b	Luftdruck
C	Kapazität, allgemein
C_B	Betriebskapazität
C_E	Erdkapazität
C_{12}	Gegenkapazität
D_{12} D_{23}	Leiterabstände zwischen spiegelbildlicher Anordnung
$\mathfrak{D}$	Verschiebung
d	Leiterabstand allgemein
d_E	Leiterabstand von geerdeten Leitern
d_m	Mittlerer Leiterabstand
d_s d_s'	Leiterabstand vom Erdseil
d_{12} d_{23}	Leiterabstand zwischen Leitern 1, 2, 3
d' d''	Mittlerer Leiterabstand bei Verdrillung α
ΔN	Leistungsverlust
ΔU	Spannungsverlust allgemein
ΔU_{12}	— zwischen zwei Punkten 1 u. 2
ΔU_{St}	— bezogen auf Sternspannung
ΔU_e	Längsspannungsabfall
ΔU_q	Querspannungsabfall
$\Delta \dot{U}$	Komplexer Wert des Spannungsverlustes bei Wechselstrom
$\mathfrak{E}$	Feldstärke allgemein
$\mathfrak{E}_D$	Durchbruchsfeldstärke
$\mathfrak{E}_0$	Feldstärke auf der Oberfläche der Leiter
ε	abs. Dielektrizitätskonstante
ε_0	Influenzkonstante
ε_r	rel. Dielektrizitätskonstante

f	Durchhang
f	Frequenz
f_1 f_2	Feldkoeffizienten
G	Gewicht der Leitungen
G	Leitwert
G_0	Knotenpunktsleitwert
G_E	Ersatzleitwert
γ	Wichte
H	Magnetische Feldstärke
H_a	— — außerhalb eines Leiters
H_i	— — innerhalb eines Leiters
h	Höhe der Leiter über der Erdoberfläche
h'	— — — bei Spannungen über 110 kV
h_m	Mittelwert der Höhen
h_s	Höhe der Erdseile über der Erdoberfläche
h_1 h_2	Höhe der Leiterseile 1 und 2
I	Strom einer Leitung allgemein
I_A	Strom am Anfang einer Wechselstromleitung
I_A I_B	Speiseströme in Speisepunkten A und B
I_A' I_B'	Scheinbare Speiseströme
I_{Aus}	Ausgleichstrom
I_B	Blindstrom
I_C	Ladestrom am Ende einer Leitung
I_C''	Ladestrom am Anfang einer Leitung
$I_{C_{Sp}}$	Spezifischer Ladestrom
I_E	Strom am Ende einer Wechselstromleitung
I_{Ges}	Gesamtstrom
I_L	Leitungsstrom
I_M	Strom im Mittelleiter
I_S	Strahlungsverluststrom
I_{st}	Scheitelwert des Blitzstromes
I_V	Verbraucherstrom
I_W	Wirkstrom
I_a I_b	Knotenpunktsströme
I_0	Knotenpunktsstrom
I_2' I_2''	Teilströme eines Verbrauchers 2
i	Augenblickswert eines Wechselstroms

$\dot{I}$	Komplexer Wert eines Wechselstroms
j	Symbol der imaginären Zahl
$K_1\ K_2$	Koeffizienten der Zustandsgleichung
k	Faktor, vom Anschwingwinkel der Leiterseile abhängig
L	Induktivität
L_B	Betriebsinduktivität
$L_1\ L_2$	Leiterlängen bei Zustand 1 od. 2
l	Leiterlänge allgemein
l_k	Länge der Isolatorenketten
μ	Abs. Permeabilität
μ_0	Induktionskonstante
μ_r	Relative Permeabilität
N	Leistung allgemein
N_A	Leistung am Anfang einer Wechselstromleitung
N_E	Leistung am Ende einer Wechselstromleitung
N_S	Strahlungsverlustleistung
N_{Sch}	Scheinleistung
N'	Strahlungsverlustleistung bei Drehstrom
ω	Kreisfrequenz
p_N	Prozentualer Leistungsverlust
p_v	Prozentualer Spannungsverlust
Φ	Magnetischer Fluß allgemein
Φ_a	Magnetischer Fluß außerhalb eines Leiters
Φ_i	Magnetischer Fluß innerhalb eines Leiters
φ	Phasenverschiebungswinkel allgemein
φ_A	— am Anfang einer Wechselstromleitung
φ_E	— am Ende einer Wechselstromleitung
φ_L	— des Leitungsstromes
Q	Elektrizitätsmenge, Ladung
q	Augenblickswert der Ladung
q	Leiterquerschnitt allgemein
$q_{Aa} q_{Ba}$	Leiterquerschnitte zwischen a und A oder B
q_M	Querschnitt des Mittelleiters
R	Leiterwiderstand allgemein
$R_{Aa} R_{Ba}$	Leiterwiderstand zwischen a und A oder B
R_A	Ausbreitungswiderstand
R_E	Ersatzwiderstand bei Parallelschaltung
R_L	Wirkwiderstand einer Leitung
$R_{\ddot{U}}$	Erdübergangswiderstand
R_0	Knotenpunktswiderstand
$R_{12}\ R_{10}$	Leiterwiderstände zwischen 1 und 2 bzw. 1 und 0
r	Radius des Leiters
r'	Äquivalenter Radius bei Bündelleitern
r_S	Radius des Erdseils
r_x	Radius zu einem Punkte x
r_{12}	Leiterlängen bei Verteilungsleitungen
ϱ	Radius des Bündels
S	Stromdichte
ϑ	Phasenverschiebungswinkel zwischen den Spannungen am Anfang und Ende einer Wechselstromleitung
U	Spannung allgemein
U_A	Spannung am Anfang einer Wechselstromleitung
$U_A\ U_B$	Spannungen in den Speisepunkten A und B
U_E	Spannung am Ende einer Wechselstromleitung
$U_a U_b$	Spannungen in den Knotenpunkten a und b
U_0	Spannung eines Sternpunktes
U_n	Nennspannung
U_{St}	Sternspannung
U_{StA}	Sternspannung am Anfang einer Wechselstromleitung
U_{StE}	Sternspannung am Ende einer Wechselstromleitung
U_{StKr}	Kritische Sternspannung
U_{st}	Stehstoßspannung
U_x	Spannung in einem Punkte P_x
$u_1\ u_2$	Potentiale der Leiter 1 oder 2
$\dot{U}$	Komplexer Wert einer Wechselspannung
V	Volumen einer Leitung
w	Windungszahl
X	Blindwiderstand allgemein
X_L	Blindwiderstand einer Leitung
x	Vielfaches der Zusatzlast
Z	Scheinwiderstand allgemein
Z_L	Scheinwiderstand einer Leitung
Z_{12}	Scheinwiderstand einer Leitung zwischen den Punkten 1 und 2
$\dot{Z}$	Komplexer Wert eines Scheinwiderstands

Stichwortverzeichnis

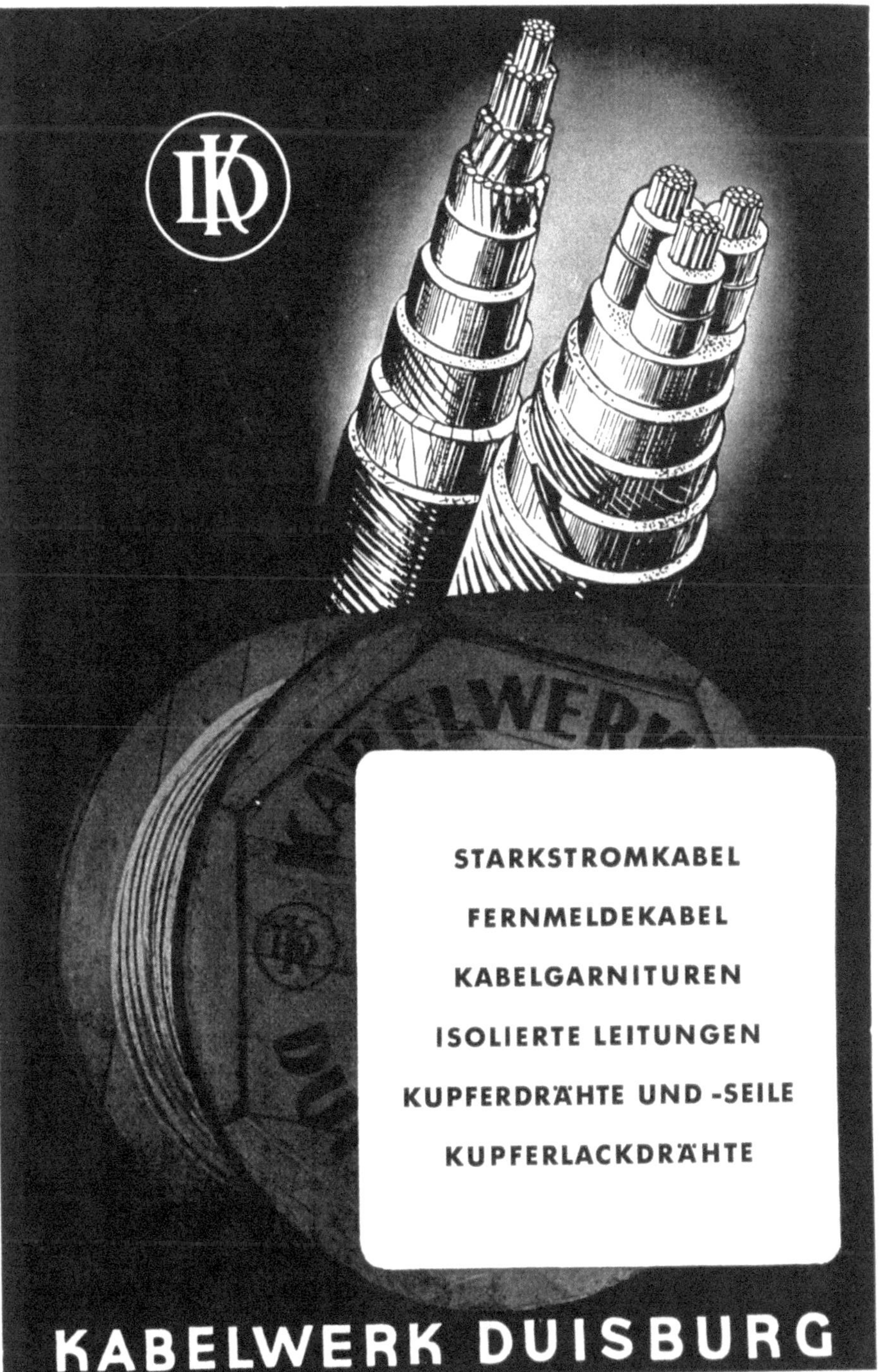
STARKSTROMKABEL
FERNMELDEKABEL
KABELGARNITUREN
ISOLIERTE LEITUNGEN
KUPFERDRÄHTE UND -SEILE
KUPFERLACKDRÄHTE
KABELWERK DUISBURG

FSC
www.fsc.org
MIX
Papier | Fördert
gute Waldnutzung
FSC® C083411

Zeitfracht Medien GmbH
Ferdinand-Jühlke-Straße 7
99095 Erfurt, Deutschland
produktsicherheit@kolibri360.de